教育部"一村一名大学生计划"教材

辣椒丰产栽培

余常水　主编

中央广播电视大学出版社 · 北 京

图书在版编目（CIP）数据

辣椒丰产栽培 / 余常水主编 . —北京：中央广播
电视大学出版社，2014.7
教育部"一村一名大学生计划"教材
ISBN 978 - 7 - 304 - 06590 - 4

Ⅰ. ①辣⋯　Ⅱ. ①余⋯　Ⅲ. ①辣椒－蔬菜园艺－
广播电视大学－教材　Ⅳ. ①S641. 3

中国版本图书馆 CIP 数据核字（2014）第 134639 号

教育部"一村一名大学生计划"教材
辣椒丰产栽培
LAJIAO FENGCHAN ZAIPEI
余常水　主编

出版·发行：中央广播电视大学出版社
电话：营销中心 010 - 66490011　　　总编室 010 - 68182524
网址：http://www.crtvup.com.cn
地址：北京市海淀区西四环中路 45 号　邮编：100039
经销：新华书店北京发行所

策划编辑：吴国艳　　　　　　版式设计：赵　洋
责任编辑：吴国艳　　　　　　责任校对：李　欣
责任印制：赵联生
印刷：北京云浩印刷有限责任公司　印数：0001 ~ 3000
版本：2014 年 7 月第 1 版　　　　2014 年 7 月第 1 次印刷
开本：787 × 1092　　1/16　　　印张：8.75　　字数：193 千字

书号：ISBN 978 - 7 - 304 - 06590 - 4
定价：23.00 元

序

　　"一村一名大学生计划"是由教育部组织、中央广播电视大学实施的面向农业、面向农村、面向农民的远程高等教育试验。令人高兴的是计划已开始启动，围绕这一计划的系列教材也已编撰，其中的《种植业基础》等一批教材已付梓。这对整个计划具有标志性意义，我表示热烈的祝贺。

　　党的十六大报告提出全面建设小康社会的奋斗目标。其中，统筹城乡经济社会发展，建设现代农业，发展农村经济，增加农民收入，是全面建设小康社会的一项重大任务。而要完成这项重大任务，需要科学的发展观，需要坚持实施科教兴国战略和可持续发展战略。随着年初《中共中央国务院关于促进农民增加收入若干政策的意见》正式公布，昭示着我国农业经济和农村社会又处于一个新的发展阶段。在这种时机面前，如何把农村丰富的人力资源转化为雄厚的人才资源，以适应和加速农业经济和农村社会的新发展，是时代提出的要求，也是一切教育机构和各类学校责无旁贷的历史使命。

　　中央广播电视大学长期以来坚持面向地方、面向基层、面向农村、面向边远和民族地区，开展多层次、多规格、多功能、多形式办学，培养了大量实用人才，包括农村各类实用人才。现在又承担起教育部"一村一名大学生计划"的实施任务，探索利用现代远程开放教育手段将高等教育资源送到乡村的人才培养模式，为农民提供"学得到、用得好"的实用技术，为农村培养"用得上、留得住"的实用人才，使这些人才能成为农业科学技术应用、农村社会经济发展、农民发家致富创业的带头人。如果这一预期目标能得以逐步实现，就为把高等教育引入农业、农村和农民之中开辟了新途径，展示了新前景，作出了新贡献。

　　"一村一名大学生计划"系列教材，紧随着《种植业基础》等一批教材出版之后，将会有诸如政策法规、行政管理、经济管理、环境保护、土地规划、小城镇建设、动物生产等门类的三十种教材于九月一日开学前陆续出齐。由于自己学习的专业所限，对农业生产知之甚少，对手头的《种植业基础》等教材，无法在短时间内精心研读，自然不敢妄加评论。但翻阅之余，发现这几种教材文字阐述条理清晰，专业理论深入浅出。此外，这套教材以学习包的形式，配置了精心编制的课程学习指南、课程作业、复习提纲，配备了精致的音像光盘，足见老师和编辑人员的认真态度、巧妙匠心和创新精神。

1

在"一村一名大学生计划"的第一批教材付梓和系列教材将陆续出版之际，我十分高兴应中央广播电视大学之约，写了上述几段文字，表示对具体实施计划的学校、老师、编辑人员的衷心感谢，也寄托我对实施计划成功的期望。

教育部副部长 吴启迪

2004 年 6 月 30 日

前　言

　　"辣椒丰产栽培"是国家开放大学"三农"特色课程教学资源建设和非统设课程、西部特色课程、共建共享课程之一，也是为教育部"一村一名大学生计划"种植类、管理类各专科专业开设的一门选修课程。本书就是为"辣椒丰产栽培"课程而编写的教材。本课程注重实用能力的培养，通过教、学、做一体化教学活动的开展使学员掌握辣椒丰产栽培的基本知识、基本理论，熟悉辣椒丰产栽培的基本方法及基本技巧，会利用一定的方法对辣椒丰产栽培的绩效进行评价，并能根据辣椒丰产栽培特点初步设计栽培方案；同时通过项目实训、案例分析、辣椒丰产栽培方案制定等环节，培养学生的综合素质和综合能力。

　　"辣椒丰产栽培"课程的课内学时为54学时，3学分。

　　辣椒作为蔬菜的一个品种，2000年在国内的种植面积已经超过萝卜和西红柿，成为仅次于大白菜的第二大蔬菜作物。辣椒不仅是我国人民喜爱的主要蔬菜作物，而且对于丰富人们的菜篮子、保障蔬菜周年均衡供应，有着举足轻重的作用。辣椒和辣椒制品已达1 000余种，辣椒贸易逐年发展，其贸易量已超过了咖啡与茶叶。辣椒是一种优良的经济作物，有着销路广、经济效益高的优势，特别是干辣椒作为一种比较耐旱、耐瘠的作物，能够适应丘陵山地水肥条件较差的自然环境，是一种投资少、收效快、效益大、风险小（可应对内销、外贸两个市场，耐贮运）的作物。所以因地制宜种植辣椒，是帮助农民朋友脱贫致富奔小康的一条理想之路，而且对搞活内贸流通、出口创汇有着重要的经济意义和现实意义。

　　本教材系统介绍了辣椒的起源与栽培史，辣椒品种在国内的分布，辣椒生长的特征特性，以及辣椒生长对环境条件的要求，重点叙述了辣椒测土配方施肥、辣椒栽培技术、辣椒病虫害识别与无害防控技术，特别介绍了辣椒鼠害和草害的无害防控技术，同时介绍了辣椒的一般加工、贮藏与运输方法。本教材力求全面、实用，栽培技术方面是研究人员多年实践工作的结晶，可作为教学和生产的参考用书。

　　根据国家开放大学远程开放教育的特点，本书还制作了教学光盘，对辣椒丰产栽培进行了全面的讲述，有利于学生个别化学习。

　　本教材编委会精诚合作，在分工时充分发挥各位编者的科研优势和学术专长，具体分工为：第一章由余常水（研究员，遵义市农业科学研究所）、关毅（贵州广播电视大学）编写，第二章由余常水、令狐昌英（高级农艺师，遵义市农业科学

1

研究所）编写，第三章由余常水、令狐昌英编写，第四章由余常水、杨秀伟（农艺师，遵义市农业科学研究所）编写，第五章由令狐昌英、余常水编写，第六章由余常水、李岸桥（副主任，遵义县人民代表大会常务委员会农经工作委员会）编写，第七章由周安韦（助理研究员，遵义市农业科学研究所）编写，第八章由余常水、杨秀伟编写，第九章由田浩（农艺师，遵义市农业科学研究所）编写，由余常水任主编。

　　本教材在编写过程中得到了国家开放大学农医学院的大力支持，贵州广播电视大学网络中心在制作教学光盘方面给予了极大帮助，同时我们在编写过程中也参考了许多学者的研究成果，在此一并表示感谢。由于编者水平有限和时间仓促，教材中尚有缺点和不足，敬请读者批评指正。

编　者
2014 年 3 月

目　录

第一章 概 述

学习目标

1. 了解辣椒的栽培历史。
2. 理解辣椒栽培对农业增效、农民增收的作用。
3. 掌握辣椒栽培措施对于品质的影响。

辣椒属茄科辣椒属，又名番椒、秦椒（《群芳谱》），辣茄（《花镜》），辣虎（《药性考》），腊茄（《药检》），海椒、辣角（《遵义府志》），鸡嘴椒（《广州植物志》）、菜椒、青椒等。辣椒多为一年生草本植物，在热带地区也可为多年生木本植物，目前世界各地普遍栽培的是一年生草本辣椒。辣椒果实通常呈圆锥形或长圆形，未成熟时呈绿色，成熟后变成鲜红色、黄色或紫色，以红色最为常见。目前的研究资料显示，辣椒原产墨西哥，于1493年传入欧洲，1583—1598年传入日本。传入我国的年代未见具体的记载，但是比较公认的我国最早关于辣椒的记载是明代高濂撰《遵生八笺》（1591年）的描述：番椒丛生，白花，果俨似秃笔头，味辣色红，甚可观。据此记载，通常认为，辣椒于明朝末年传入我国。辣椒传入我国有两条路径：一条是声名远扬的丝绸之路，即从西亚进入新疆、甘肃、陕西等地，先在西北栽培；另一条是经过马六甲海峡进入我国南部。20世纪70年代，在我国云南西双版纳的原始森林中发现野生的小辣椒。由于我国环境条件适合辣椒的生长，辣椒的栽培范围从南方的云南、广西和湖南等地，逐渐向全国扩展，现在几乎全国各地均有栽培，从而使之成为大宗蔬菜之一。

辣椒中富含维生素，据分析，每100 g鲜椒中一般含维生素C 73~342 mg、维生素A 11.2~24 mg、维生素B_1 0.04 mg、维生素B_2 0.03 mg、维生素PP（尼克酸）0.3 mg、磷28~401 mg、钙1~12 mg、铁0.4~0.5 mg、碳水化合物4.5~6 g、脂类物质0.2~0.4 g、蛋白质1.2~2 g、纤维素0.7~2 g。随辣椒品种及熟度的不同，其维生素C含量差异很大，一般辣椒的维生素C含量比甜椒高，成熟果的维生素C含量比未熟果高2~3倍。

此外，辣椒还含有只有辣椒才有的辣椒碱（又称辣椒素、辣椒辣素等），而在红色、黄色的辣椒、甜椒中，还独有一种辣椒红素。辣椒碱和辣椒红素这两种成分只存在于辣椒中，辣椒碱存在于辣椒果肉里，而辣椒红素则存在于辣椒皮。辣椒红素的作用类似胡萝卜素，有很好的抗氧化作用，因此喜欢吃剥皮辣椒的人可能就吃不到辣椒红素了。辣椒碱（capsaicin）最早由斯莱士（Thresh）在1876年从辣椒果实中分离出来，并为之命名。此后，又有一些辣椒碱的同系物在辣椒果实中被发现，他们被统称为辣椒碱类物质。至今人们已发现

14 种以上的辣椒碱类物质，其中辣椒碱和辣椒二氢碱（dihydrocapsaicin）约占总量的 90%以上。不同辣椒类型，其果实中辣椒碱的含量差别较大，一般是朝天椒＞线辣椒＞羊角椒＞彩色辣椒。同类辣椒果实的不同部位，其辣椒碱含量不一样，一般为胎座＞果皮＞种子。辣椒碱是一种极度辛辣的香草酰胺类物质，其化学结构名称为：8-甲基-（反）-6-壬烯酰胺。辣椒碱的纯品为白色片状结晶，熔点为 65 ℃～66 ℃；易溶于甲醇、乙醇、丙酮、氯仿及乙醚中，也可溶于碱性水溶液，在高温下会产生刺激性气体。它可被水解为香草基胺和癸烯酸，因其具有酚羟基而呈弱酸性，且可与斐林试剂发生呈色反应。它除了具有镇热、止痛的作用外，还能促进肾上腺素分泌，提高新陈代谢，因此现在也被用做减肥用品。辣椒碱还具有降低血小板黏性的作用，因此也成为维护心血管健康的保健食品的成分。

辣椒的主要保健功能有：①解热、镇痛。辣椒辛温，能够通过发汗而降低体温，并缓解肌肉疼痛，因此具有较强的解热、镇痛作用。②预防癌症。辣椒中的辣椒碱是一种抗氧化物质，它可阻止有关细胞的新陈代谢，从而终止细胞组织的癌变过程，降低癌症细胞的发生率。③增加食欲、帮助消化。辣椒强烈的香辣味能刺激唾液和胃液的分泌，增加食欲，促进肠道蠕动，帮助消化。④降脂减肥。辣椒所含的辣椒碱，能够促进脂肪的新陈代谢，防止体内脂肪积存，有利于降脂、减肥、防病。但是，过多食用辣椒会剧烈刺激胃肠黏膜，引起胃痛、腹泻并使肛门烧灼刺疼，诱发胃肠疾病，促使痔疮出血。

辣椒一般可分为樱桃类辣椒、圆锥椒类、簇生椒类、长椒类和甜柿椒类等类型。

（1）樱桃类辣椒。叶中等大小，圆形、卵圆或椭圆形，果小如樱桃，圆形或扁圆形，红、黄或微紫，辣味甚强，可制成干辣椒或供观赏，如成都的扣子椒、五色椒等。樱桃辣为云南省建水县地方品种，又称团辣，主产于建水县。

（2）圆锥椒类。植株矮，果实为圆锥形或圆筒形，多向上生长，味辣，如遵义朝天椒、仓平的鸡心椒等。

（3）簇生椒类。叶狭长，果实簇生，向上生长，果色深红，果肉薄，辣味甚强，油分高，多作干辣椒栽培，晚熟，耐热，抗病毒能力强，如贵州七星椒，河南的三樱椒（天鹰椒、三鹰椒），韩国朝天王簇生椒等。

（4）长椒类。株型矮小至高大，分枝性强，叶片较小或中等，果实一般下垂，为长角形，先端尖，微弯曲，似牛角、羊角，线形。果肉薄或厚。果肉薄、辛辣味浓的供干制、腌渍或制辣椒酱，如陕西的大角椒；果肉厚、辛辣味适中的供鲜食，如长沙牛角椒等。

（5）甜柿椒类。分枝性较弱，叶片和果实均较大。

第一节　辣椒的重要性与意义

随着栽培时间的推移，辣椒已由单纯的观赏转为调味和鲜食，品种也逐渐由野生型演变为栽培型，由传统的农家品种发展到现在的杂交品种。从 2000 年的统计数据看，辣椒作为一个蔬菜品种，在我国的种植面积已经超过萝卜和西红柿，成为仅次于大白菜的第二大蔬菜。辣椒不仅是我国人民喜爱的一种主要蔬菜作物,对丰富人们的菜篮子,保障蔬菜周年均衡供应,有着举足轻重的作用。

辣椒遍布世界各地,有 2/3 的国家种植辣椒。辣椒在全球的种植面积为 6 000 余万亩 (1 亩≈666.67 m²),主要集中在亚洲、欧洲和北美地区。各类辣椒和辣椒制品多达 1 000 余种;辣椒贸易持续发展,其贸易量已超过了咖啡与茶叶。我国辣椒种植面积为 2 000 万亩左右,占全球的 1/3,种植面积仅次于印度(印度辣椒产量占全球 25%),产量却占全球的46%。在国际市场上,中国是辣椒出口的第一大国,且随着世界辣椒需求量的不断增加,出口量将保持较快增长。近年来,韩国、日本、墨西哥、澳大利亚、美国、东南亚等国家和地区已常年从我国进口辣椒,仅墨西哥就有 1/3 的辣椒是从中国进口的,日本有 90% 的进口辣椒来自中国。从辣椒出口品种结构上看,我国辣椒出口的主要产品为辣椒干、辣椒粉、油辣椒、辣椒油、辣椒酱、辣椒罐头等。其中,"身条细长、皱纹密细、色泽鲜红、品位佳美",被国际上誉为"椒中之王"的陕西线辣椒,以及遵义朝天椒、鸡泽辣椒、邱北辣椒等,均以优良的品质、独特的风味驰名海外,销往美国、英国、日本、韩国、墨西哥等国家和地区。在贵州、四川、云南、重庆、湖南、湖北、安徽、江西、河北、河南、山东、陕西等生产加工干椒的传统产区,生产加工的干椒出口量占世界干椒出口总量的 20%。近年来由于日本、韩国的自产红辣椒严重不足,加之我国红辣椒质量逐年提高,日本、韩国从我国进口辣椒的数量较大,增长较快。以韩国为例,该国常到我国东三省、山东等地大量收购红辣椒,回国加工后在本国及国外销售。

经过长期发展,我国在饮食口味上逐步形成了长江中上游重辣区、北方微辣区和东南沿海淡味区 3 个辛辣口味层次的地区。在长江中上游重辣区,由于自然环境条件特殊,冬季日照少,湿润而寒冷,客观上形成了对辣椒这一辛辣食品的需求。而在其他地区,由于人们的社会联系、经济交往和文化交流日益频繁等社会发展因素的影响,促进了辣椒文化的传播与交流。特别是自 20 世纪 90 年代以来,重辣区的四川、贵州、湖南、重庆、湖北、陕西、云南等省市常年有数以千万计的农民工到淡味区的广东、福建、浙江、上海、江苏、北京等省市打工,从而把他们的辛辣饮食文化和嗜辣习惯带到这些地区,进行广泛传播和渗透,促进了国内辣椒消费的普及和发展。据资料显示,目前我国食辣人群占全国人口的比重已超过 40%,食辣人口总数超过 5 亿,许多地方特别是贵州、湖南、四川等省的城乡居民一日三餐都离不开辣椒。近年来,北京对辣椒及其制品的消费需求量已超过了重辣区的重庆市。

据统计,目前国内辣椒贸易额高达 980 亿元以上。在国内辣椒市场需求结构上,鲜椒的消费需求同样占有主导地位,而且随着辣椒生产技术水平的不断提高,国内辣椒市场上鲜椒消费量占辣椒消费总量的比重呈上升的趋势。辣椒是长期以来国内辣椒消费市场的主要需求对象,而且将红辣椒采摘后进行干制处理以满足辣椒周年消费所需,是我国不少地区特别是重辣区长期养成的饮食习惯。我国虽已成为世界上最大的干辣椒生产国、消费国和外贸国,但我国干辣椒外贸出口量占干椒总产量的比重仍然较低,大部分干辣椒用于满足国内消费市场需求。对于近年来迅速发展起来的辣椒加工制品，国内市场保持了旺盛的增长势头，并形成了一些在国内外具有较高知名度的辣椒加工企业。例如，贵阳南明"老干妈"风味食品有限公司，通过10年的快速发展，其生产的油辣椒制品畅销国内20多个省、市、自治区，目前已占据国内同类产品70%以上的市场份额。又如，湖南辣椒加工企业以陕西等地的辣椒为原料，加工制成剁辣椒，占据了国内同类产品的大部分市场。辣椒加工制品成为推广辣椒文化传播和辣椒产业发展的重要力量。

目前全国已形成六大辣椒重点产区（西南、湘鄂豫、陕甘、东北、黄淮海和海南），其中贵州省的辣椒种植面积占全国的15%以上，成为全国种植第一大省，其辣椒种质资源丰富，名椒众多，有很多口感细腻、风味独特、品质优异的优势品种。贵州省建设了"买全国、卖全国"的农业部定点市场——虾子辣椒专业市场，是我国目前最大的专业辣椒市场，年辣椒销售额超过10亿元。贵州省培育了以"老干妈"为领头羊的130余家辣椒调味品知名企业，其干辣椒销往国内20余个省、市、自治区，出口40多个国家和地区；其辣椒种、加、销产业链不断延长，形成了销售收入100亿元的大产业，在全国辣椒产业及出口中占有举足轻重的地位。2011年全国辣椒产业大会组委会授予贵州省"中国辣椒之都"的称号，授予遵义市"中国优质辣椒产区"的称号。

辣椒是一种优良的经济作物，特别是干辣椒比较耐旱、耐瘠，能够适应丘陵山地水肥条件较差的自然环境，种植辣椒是一项投资少、收效快、效益大、风险小（可应对内销、外贸两个市场，耐藏运）的项目。辣椒一般是一年生矮生作物，可以连片栽培，也可以作为茶叶、水果、蚕桑、林木、竹幼龄期间作作物。在这些作物还未充分长成，处在投资培植阶段时，利用其中的闲地栽培辣椒，不仅可以充分利用土地，还可以改良土壤结构，增加收入，起到"以短养长"之效。而且，辣椒产业的发展还可以带动当地的其他行业如交通运输业、餐饮服务业等的发展。因此，种植辣椒是帮助农民朋友脱贫致富奔小康的一条理想之路，对搞活外贸流通、出口创汇有着重要的经济意义和现实的社会意义。

第二节　辣椒丰产栽培与品质关系

辣椒丰产栽培是指通过现代科学技术，采用无害化的技术措施，最大限度满足辣椒生长发育需要的条件，降低胁迫辣椒健康生长的因素，充分发挥辣椒的潜在生产力，生产出更多、更好和安全的辣椒产品，获得更好的经济、社会、生态效益。

辣椒根系的特点是发育弱，根系浅，再生能力差，不耐干旱，又怕涝，对氧气要求严格。在辣椒栽培中要充分考虑这些特点。

辣椒的生长需要充足的养分，对氮、磷、钾三要素的要求尤其高，一般每生产100 kg鲜辣椒需要纯氮（N）0.52～0.58 kg，纯磷（P_2O_5）0.06～0.11 kg，纯钾（K_2O）0.65～0.74 kg。

辣椒在各不同生长发育时期，其需肥的种类和数量也有差别。

幼苗期植株幼小，需肥量少，但对肥料的质量要求高，需要充分腐熟的有机肥和一定比例的磷、钾肥，尤其是磷肥。辣椒在幼苗期就进行花芽分化，氮肥和磷肥对幼苗发育和花的形成都有显著的影响。磷不足，不但发育不良，而且花的形成迟缓，产生的花数少，并且形成不能结实的短柱花；当氮、磷肥充足时，幼苗所含的碳水化合物较高，特别是全糖和含氮化合物含量较高，容易形成较多的花芽。因此，幼苗期供给优质全面的肥料是夺取高产的关键。

初花期，枝叶开始全面生长，需肥数量不太多，可适当使用一些氮、磷肥，促进根系的发育。此期氮肥使用过多，植株容易发生徒长，推迟开花坐果，造成枝叶嫩弱，容易感染各种病虫害。初花后，对氮肥的需求数量逐渐增加，如果氮肥充足，花果不易脱落；如果氮肥不足，会影响各种激素的合成，碳水化合物的含量也降低，引起落花落果。

盛花坐果期，对氮、磷、钾肥的需求数量较大，氮肥供枝叶发育，磷、钾肥促进植株根系生长和果实膨大，以及增加果实的色泽，提高辣椒的品质。

辣椒的辛辣味受氮、磷、钾肥含量比例的影响：氮肥多，磷、钾肥少时，辛辣味降低；氮肥少，而磷、钾肥多时，辛辣味浓。辣椒碱的积累还与环境条件密切相关。光对于辣椒碱的合成是必不可少的，光照促进辣椒碱的合成，通过遮阴栽培降低光照强度可以使辣椒果实中的辣椒碱含量下降，而将辣椒果实采收后置于光下可诱导辣椒碱的合成。高温也有利于辣椒碱的积累，有学者研究发现，在 25 ℃的夜温下，辣椒碱含量比在 15 ℃夜温下显著增多，栽培环境中二氧化碳的浓度也影响辣椒碱的积累。辣椒碱合成的关键酶——辣椒碱合成酶位于果实胎座表皮细胞的液泡膜上，辣椒碱主要就是在这里形成的，并通过子房隔膜运输到果肉表皮细胞的液泡中积累。所以辣椒碱在辣椒胎座中的含量最高，果肉次之，种子中辣椒碱含量最低。随着果实的成熟，辣椒碱含量逐渐增加，当果实变成褐绿色或紫黑色时，果实中的辣椒碱含量达到最高值，以后又略有下降，所以红熟果的辣椒碱含量不及绿熟果。对辣椒碱合成酶的研究发现，其活性随着果实的成熟逐渐增加，到一定高峰后又有所下降，与辣椒碱含量的变化趋势相似。在辣椒碱含量下降的同时，氧化物酶的活性升高。现有的研究表明，辣椒果实中的过氧化酶参与了辣椒碱的氧化，使其降解为其他次生物质，从而降低辣椒果实中的辣椒碱含量。因此，在生产管理过程中，掌握氮、磷、钾肥的比例，施用量，最佳施肥时期，不但可以提高辣椒的产量，还可以改善它的品质，提高肥料的利用率，减少由于施肥不当造成资源的浪费和环境的污染。据延边大学农学院学者梁运江研究，灌水或施肥过多或过少都会引起辣椒果实维生素 C 含量减少。据甘肃农业大学农学院学者刘佳研究，土壤田间持水量对于辣椒的生长和产量影响明显，田间持水量为 60%，有利于辣椒的健康生长。这些都说明环境水分和养分的不协调会造成辣椒品质下降。丰产栽培就是根据辣椒自身的特点，设计一套促进辣椒生长的方案，提高辣椒的生产能力，改善辣椒的品质，提高辣椒的种植效益。

复习思考题

一、填空题

1. 辣椒属_____科_____属，又名番椒、秦椒、菜椒、青椒等，辣椒多为草本植物。

2. 辣椒一般可分为樱桃类辣椒、_____、_____、_____和甜柿椒类等类型。

3. 辣椒重点产区是西南、_____、_____、_____、_____和海南。

4. 辣椒丰产栽培是指通过_____，采用_____的技术措施，最大限度满足辣椒生长发育需要的条件，降低胁迫辣椒健康生长的因素，充分发挥辣椒的潜在生产力，生产出更多、更好和安全的辣椒产品，获得更好的经济、社会、生态效益。

二、思考题

1. 辣椒对人民生活有什么重要性？

2. 辣椒对人体健康的影响有哪些？

第二章　辣椒的形态特征和生长发育的环境条件

> **学习目标**
>
> 1. 了解辣椒的主要形态特征。
> 2. 理解辣椒主要形态特征与生长发育的关系。
> 3. 掌握辣椒生长发育需要的主要环境条件。

　　辣椒是我国各地人民都非常喜爱的调味品、蔬菜，同时，还可以培育成为观赏植物。辣椒还可根据果实辣味分为辣椒和甜椒。本章介绍辣椒的形态特征，是为了有针对性地创造适宜其生长发育的环境条件，并有效地进行水肥管理，从而减少不良环境对于辣椒生长发育的影响，促进辣椒健壮生长，增强辣椒抗病虫害的能力，达到高产、优质、高效的目的。

第一节　辣椒的形态特征

　　各种辣椒的形态大致相同。正常植株都有根、茎、叶、花、果实和种子。

一、根

　　辣椒的根可分为主根、侧根、支根和根毛等部分。主根长出后分杈，称为一级侧根。一级侧根再分杈，形成二级侧根（支根），如此不断分杈，形成根系。通常在距离根端约 1 mm 处有一段 1 ~ 2 cm 长的根毛区，上面密生根毛。根毛寿命只有几天，但因密度大，吸水力强，所以能大大增加根系的活跃吸收面积，提高吸收及合成功能。根的主要作用是从土壤里吸收、贮存、输送水分和养分，供辣椒生长发育的需要。根的另一个作用是合成氨基酸，这一作用往往被人们忽视。植物体必需的许多氨基酸是由根系合成后输送到地上部分的。另外，根还起固定植株、支持主茎不倒伏的作用。

　　主根上粗下细，在疏松的土壤里，一般可入土层 40 ~ 50 cm。移植的辣椒主根受到抑制，深度一般是 25 ~ 30 cm。直播留苗的主根有的深度可达 60 ~ 70 cm。

　　侧根又叫旁根，随着主根的伸长，不断生出侧根，在地面下 5 ~ 20 cm 处分生的侧根最多。侧根一般长 30 ~ 40 cm。侧根上再生小支根，组成根系网。育苗移植辣椒主根受到抑制后，侧根生发早、多。

　　根毛和幼嫩根端上的表皮细胞是吸收水分和养分的主要器官，根的其他部分起输导、贮存的作用。根毛的寿命虽然不长，但可继续生发。土温为 25 ℃ ~ 30 ℃，湿度为 50% ~ 65%

时，根毛生发很快。因此，在移植后，露地多中耕，能提高地温，可以促进幼苗苗壮生长。但是在肥、水施用不当，或连续降雨时，根毛往往生发过多，或因雨水久泡而死亡，以致影响植株开花结果。这时可以利用中耕松土、开沟排水等措施，加快水分蒸发，切断徒长根，控制徒长枝，使植株正常生长。

各部位根系的吸收能力不同。较老的木栓化根只能通过皮孔吸水，吸水量很小。根的吸收作用主要由幼嫩的根和根毛进行，合成作用也是以新生根细胞最旺盛。因此，在栽培中要促使辣椒不断产生新根，生发根毛。

辣椒的根系不如番茄、茄子发达，但是再生力很强，断根后可以再生新根，移植易成活，并且有根枝对称的特点。要想获得辣椒高产，就要充分利用这一特点，育苗移植时，切断主根（辣椒通过移植，从苗床内拔起，自然就切断了主根），抑制主根继续往下伸长，促发侧根，促分侧枝，增加着花点和着花机会，多开花、多结果。根据试验结果，移植苗与直播苗（没有切断、抑制主根的）相比，在相同管理条件下，移植的辣椒比直播的辣椒增产 2 ~ 3 倍。

二、茎

辣椒的茎直立在地面上。顶端有一个顶芽可向上生长。茎上段半木质化，空心；下段木质化，比较坚韧。表皮呈黄绿色，有浅裂纹。下段与根相连接，上段与侧茎枝相连接，支撑叶、花、果实。茎能把根吸收和合成的水分、养分、氨基酸等，输送给叶、花、果实，同时通过茎把叶制造的有机物质输送给根，促进整个植株的生长。

辣椒的主茎高 16.5 ~ 33 cm，移植冬苗和苗期施过适量矮壮素的苗茎高一般为 16.5 ~ 26.5 cm，移植春苗的茎高一般为 26 cm 左右，直接大田播种留苗的主茎一般高 33 cm 左右。主茎生长到一定高度后分生侧茎（分枝）和叶，着生叶的地方称为节，每节生叶一片。节与节之间的部分，称为节间。从现蕾到盛花期平均每隔 4 天生长一节，之后只要气温适宜，养分充足，平均每 3 天增长一节。

侧茎（分枝）一般长至 6.5 ~ 10 cm 分新侧枝，而后一般 3.3 ~ 6.6 cm 处又分生小枝，越往顶端枝节长度越短，辣椒分枝有有限分枝与无限分枝两种类型。有限分枝型多为簇生椒，植株矮小，主茎生长到一定叶数后顶部分化花簇封顶，在植株顶部形成多个果实。花簇下面的腋芽抽生分枝，分枝的腋芽还可能发生副侧伐，在侧枝和副侧枝的顶端都形成花芽封顶，但大多不结果。无限分枝型，当主茎长到 5 ~ 15 叶时，顶芽分化为花芽，形成第一朵花，其下的侧芽抽出一对（少数品种 3 枝以上）分枝，一侧枝顶芽又分化为花芽，形成第二朵花，另一侧枝顶芽也同时分化为花芽，形成第三朵花；以后每对分杈处着生一朵花。如此连续不断，若条件允许可生长成灌木状。一般情况下，小果类型的植株高大，分枝多，株幅大，如云南开远小辣椒有 200 ~ 300 个分枝；大果类型的植株矮小，分枝少，株幅小。

分枝的形状多为"Y"字形两杈（图 2-1），少数植株为三杈，但三杈者则有一分枝较弱小，粗看仍呈两杈枝。大枝以下还能抽生侧枝，这种侧枝着花部位高，不易成果，故农民叫它"徒长枝""水丫枝""抱脚枝"，最好及早摘除这种侧枝，以减少营养消耗、增加通风透光，特别是对于晚熟大果型品种，应该及早摘除，否则严重影响产量和品质。

图 2 – 1　辣椒分枝特性

三、叶

辣椒的叶有两种：子叶和真叶。幼苗出土后最早出现的两片扁长状的叶，称为子叶。子叶是辣椒初期的同化器官，子叶生长的好坏取决于种子本身的质量和栽培条件。种子发育不充实，则子叶瘦小畸形；土壤水分不足，则子叶卷曲不舒展；土壤水分过多或光照不足，则子叶发黄。因此，幼苗是否健壮，可从子叶的生长状况来判断。子叶以后生出来的叶称为真叶。子叶展开初期呈浅黄色，以后逐渐变成绿色，并随植株的长大逐渐萎缩脱落。真叶又可分为主茎叶和果枝叶。主茎叶序的排列互生渐上。

辣椒叶着生在茎、枝节上，幼苗时生长在茎上。分枝后，茎上叶脱落，渐生新叶于枝节上，渐步往上推移。

辣椒的叶由叶片和叶柄两部分组成。单叶较小，互生，呈卵圆形，无缺刻，先端渐尖，呈绿色，但叶色因品种不同有深浅之区别。一般果实大的品种叶片较大，微圆短；果实小的牛角长形品种叶片较小，微长，稍薄。但是果实短小的"朝天椒""小米辣"的叶仍较大。

除水分以外，绝大部分干物质主要是依靠叶片进行光合作用而积累的。叶片是制造有机养料的工厂，它具有光合作用、蒸腾作用、贮藏作用的功能。叶色、叶形的变化是辣椒植株肥水供应情况的标志。辣椒叶细胞中含有叶绿素和叶黄素，一般生长旺盛的辣椒，叶的颜色为深绿。叶色变黄，而无病虫危害，即为缺肥。叶片呈浓绿色或灰绿色，萎蔫发黑时即为缺水。氮素充足，则叶形长；钾素充足，则叶形宽；氮肥过多或夜温过高时，则叶柄长，先端的嫩叶凹凸不平；夜温低时，则叶柄短；土壤干燥时，叶柄稍弯曲，叶身下垂；土壤湿度大时，整个叶身下垂。一般情况下，健壮的植株叶片舒展、有光泽、颜色较深，心叶色较浅，颇有生机；反之，叶片不舒展、叶色暗、无光泽，或叶片变黄、皱缩。

辣椒由于叶片较小，蒸发孔少，它的蒸发量也小，这是辣椒比同科其他作物耐旱的生态原因之一。

四、花

辣椒属常异花授粉作物。辣椒的花为两性花（图2-2），虫媒花，异花结实率一般为5%~30%，不同品种间差异较大。所以，辣椒在采种的时候，应注意隔离，一般不少于500 m。辣椒花单生、双生或簇生于分枝处，有无限型和有限型两种，或有时因节间缩短而生于近叶腋处；花梗直立或俯垂。花萼杯状，有5~7小齿，结果时稍增大宿存；花冠辐状，5~7中裂，裂片镊合状排列；雄蕊5~7个，贴生于花冠筒基部，花丝丝状，花药并行，纵缝裂开；子房2（稀3~4）室，花柱细长，冠以近头状的不明显2~3裂的柱头，胚珠多数；花盘不显著。

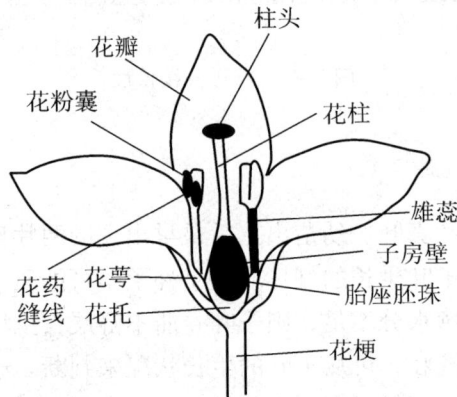

图2-2 辣椒花的构造（庄灿然，1992）

辣椒的始花节位，早熟品种一般在主茎的4~9叶节，晚熟品种在14~24叶节。辣椒由花芽分化到萼片、花瓣发生需7~8天，而到雄蕊、雌蕊发生也需7~8天，至花粉、胚珠形成约需10天，最后开花还需5天。辣椒花蕾发育成熟后就可以开花。辣椒开花时，花冠向下迅速伸长，花冠的先端从瓣缝处开裂，然后各自向外侧打开而开放。开花后2~4小时，花药开裂，花粉散出。开花顺序以第一朵花为中心，以同心圆形式逐层开放，一般在第一层开花后3~4天，上一层花即开放。开花多在6：00~8：00，少数在10：00以后开放。一朵花开放2~3天后，花冠变褐枯死。花粉落到柱头上后即吸水膨胀、萌发并逐渐完成受精过程。一般在授粉后8小时开始受精，14小时受精率达到70%，24小时则可全部完成受精。雌蕊的受精能力以开花当天最高，结实率达到100%；开花前一天受精能力一般，结实率为50%~60%。江苏省农科院蔬菜所学者丁犁平以南京早椒为材料研究不同时期授粉的结实率，结果表明：开花当天授粉结实率为46%，开花后的第二天和第三天结实率为30%~

35%，第四天则仅为7.5%。

辣椒柱头略高出花药，称为正常花，或者是长柱花。辣椒花朝下开，花药成熟后开裂，花粉散出，落在靠得很近的柱头上，进行授粉。还有一种花，柱头低于花药，称为短柱花。短柱花因为柱头低于花药，花药开裂时，不能将花粉落在柱头上，授粉的机会很少，所以，通常发育不完全，结实不良致落花。因此，生产上应尽量减少短柱花的出现。

五、果实

辣椒的果实属于浆果，是由子房发育而成的真果。果实形状有扁灯笼形、方灯笼形、长灯笼形、长羊角形、牛角形、长锥形、短锥形、长指形、短指形、圆球形（樱桃形）等多种形状（图2-3）；小的只有几克，大的可达400~500 g；其果皮与胎座往往分离，之间形成较大的空腔，果实有2~4个心室。

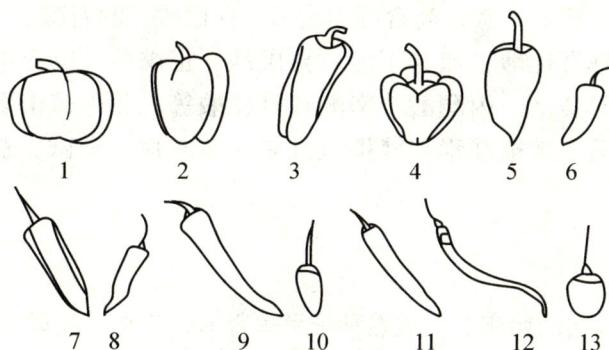

图2-3　辣椒主要果型

1—扁灯笼形；2—方灯笼形；3—长灯笼形；4—短锥形
5—长锥形；6—短牛角形；7—长牛角形；8—短羊角形
9—长羊角形；10—短指形；11—长指形；12—线形
13—圆球形（樱桃形）

辣椒果实从开花授粉到商品成熟需要25~30天，呈绿色或黄绿色。生物学成熟要50~60天，呈红色或黄色。红果的果皮中含有茄红素、叶黄素及胡萝卜素，黄果中主要含有胡萝卜素，绝大多数栽培品种在成熟过程中由绿直接转红，也有少数品种先由绿变黄，再由黄变红。同一植株的果实由于成熟度不同，可出现绿、黄、红等各种颜色的果实，如五色辣椒即属于这种类型。

随着植株的生长，叶片及果实的生长位置上移，植株不断扩大。生长发育正常的植株形态是在结果位置以上有适宜厚度的枝叶层，一般厚度为20~25 cm，并在开花位置上有3~4片展开叶；徒长株节间显著伸长，结果位置上的枝叶层过厚，花器小，质量差；受到抑制植株则相反，开花位置距先端很近，节间很短，根系发育差。

在植株营养状态不良，夜温过低，日照较弱，土壤干燥及密植条件下，果内种子少，果实肥大，生长受到抑制，往往形成小果，严重时也能形成僵果；即使是正常果，在土壤干旱或土壤溶液浓度过高时，也会因被抑制了水分吸收，而使果实变短；夜温过低时，果实先端变尖，并且失去光泽。

辣椒的可食部分占96%左右，除去椒柄、椒蒂不能吃外，椒皮、椒籽及胎座组织全能吃。辣椒果以夏椒、伏椒的品质为最佳。因为夏椒、伏椒是整株辣椒结的第一二批果实，植株从土壤中吸收了丰富的营养，第一二批椒营养较多，故个头大，椒果皮肉厚，油分足，籽少，颜色红亮。秋椒如果肥水供给充足，质量一般不会明显下降，只是心室内的籽粒有所增多，每个椒果一般增加4~10粒。

辣椒的辣味与果实大小的关系为，一般是大型果实辣椒素含量极少，辣味不浓，甚至不带辣味，而果实越小越辣。果实所含辛辣成分为辣椒碱、二氢辣椒碱、降二氢辣椒碱、高辣椒碱、高二氢辣椒碱；壬酰喷鼻荚兰胺、辛酰喷鼻荚兰胺；色素为隐黄素、辣椒红素、微量辣椒玉红素、胡萝卜素；尚含维生素 C、柠檬酸、酒石酸、苹果酸等。辣椒还含多种低沸点和高沸点挥发性酸，如异丁酸、异戊酸、正戊酸、巴豆油酸、顺式-2-甲基丁烯酸、庚酸、癸酸、异癸酸、丙酮酸、辛酸和月桂酸等。此外辣椒果实还含有 β-胡萝卜素、陷黄质、玉米黄质、辣椒红素、辣椒玉红素、堇黄质、茄碱、茄啶及柠檬酸、酒石酸、苹果酸等。

六、种子

辣椒种子着生于果实的胎座上。成熟种子呈短肾形，扁平，浅黄色，有光泽，采种或保存不当时为黄褐色。种皮有粗糙的网纹，较厚，因而不及茄子种皮光滑，不如番茄种子好发芽，一般发芽率相对较低。在植株营养不良、光照弱、夜温低、土壤干燥及密植条件下，果实内结种较少，果实膨大受到抑制，往往形成小果，甚至形成僵果。辣椒种子的千粒重为4~7 g，其发芽能力平均年限为4年，使用适期年限为2~3年。

种子含茄碱、茄啶、4α-甲基-5α-胆甾-8（14）-烯-3β-醇、环木菠萝烷醇、环木菠萝烯醇、2,4-亚甲基环木菠萝烷醇及羽扇豆醇等。

第二节　辣椒生长发育的环境条件

辣椒生长对于外界条件有一定要求，只有创造适宜的外界条件，才能达到丰产、丰收、高效的目的。

一、温度

辣椒起源于热带地区，在长期的热带气候条件下，形成了喜温暖和不耐寒冷霜冻的特性。在热带、亚热带地区和人工温室条件下，辣椒可成为多年生植物，在我国一般作为1年生作物栽培。辣椒在海南省及广东省南部地区可露地越冬栽培；在其他地区如果加以温室保护越冬，到翌年可重新生枝抽芽、开花结果，但其生长势及产量较低。

辣椒生长发育时期不同，对温度的要求也不同。辣椒种子发芽的适宜温度为 25 ℃ ~ 30 ℃，温度超过 35 ℃ 或低于 10 ℃ 时都不能发芽。种子发芽适宜温度为 25 ℃，需要 4 ~ 5 天。15 ℃ 时需 10 ~ 15 天，12 ℃ 时需 20 天以上。变温下发芽比在恒温下发芽更好。苗期往往地温、气温较低，生长缓慢，需要采取人工增温的办法防寒防冻；种子出芽后，随秧苗的长大，耐低温的能力随之增强，具有三片以上真叶就能在 5 ℃ 以上不受冷害。出芽后需稍降温以防止幼苗生长太快而纤弱（出芽后在 25 ℃ 时，生长迅速，容易形成徒长）。白天保持 20 ℃ ~ 22 ℃，不超过 25 ℃；夜温以 15 ℃ ~ 18 ℃ 为宜。保持幼苗缓慢健壮生长，使子叶肥大，对初生真叶和花芽分化有利。茎叶的生长发育适温白天为 27 ℃ 左右，夜晚为 20 ℃ 左右。在此温度条件下，茎叶生长健壮，既不会因温度太低而生长缓慢，也不至于因温度太高使枝叶生长过旺而影响开花结果。初花期植株开花授粉适温为 20 ℃ ~ 27 ℃；低于 15 ℃ 时，植株生长缓慢，难以授粉，易引起落花、落果；低于 10 ℃，不开花，花粉死亡，易引起落花落果，坐住的幼果也不肥大，极易变形。辣椒又怕炎热，白天温度升到 35 ℃ 以上时，花器发育不全或因柱头干枯不能受精而落花，即使受精，果实也不能正常发育而干萎。所以，在高温的伏天，特别是气温超过 35 ℃ 时，辣椒往往不坐果。果实发育和转色期要求的温度为 25 ℃ ~ 30 ℃。因此，冬天保护地栽培的辣椒常因温度过低而变红很慢。不同品种对温度的要求也有很大差异。例如，刚从云南小米辣原产地引进的小米辣，在温度超过 32 ℃ 时就有开花不结果的现象发生。一般大果型品种往往比小果型品种更不耐高温。

总之，辣椒整个生长期的温度范围为 12 ℃ ~ 35 ℃，低于 12 ℃，要盖膜保温；超过 35 ℃，要浇水降温。生长适宜的温度因生长发育的进程不同而不同，从子叶展开到 5 ~ 8 片真叶期，对温度要求严格，温度过高或过低，都会影响花芽的形成，最后影响产量。

二、水分

辣椒是茄果类中较耐旱的作物，蒸发所耗的水分比其他植物少得多，这是因为它的叶片比同科其他作物的叶片小，叶背绒毛稀少，蒸发孔少。一般小果类型辣椒品种特别是干椒比大果类型甜椒品种耐旱，在生长发育过程中所需的水分相对较少。辣椒在各生育期的需水量不同，种子只有吸收充足的水分才能发芽，但由于种皮较厚，吸水速度较慢，所以催芽前先要浸泡种子，使其充分吸水，以促进发芽。一般需要浸泡种子 6 ~ 8 小时，才能充分吸水。浸泡时间过短，达不到催芽的目的，而且有可能因吸水不充足、不均匀，在催芽处理过程中伤害种子；浸泡时间过长，会造成营养外流，因氧气不足而影响种子的生活力。幼苗植株需水较少，此时又值冬季低温弱光季节，土壤水分过多，通气性差，缺少氧气，根系发育不良，植株生长纤弱，抗逆性差，利于病菌侵入，造成大量死苗，故在这期间苗床不能灌水，以控温降湿为主，在晴天的中午要揭开覆盖物加强通风降湿。移植后，植株生长量加大，需水量随之增加，此期内要适当浇水，满足植株生长发育的需要，但仍要适当控制水分，以利于地下部根系伸展发育，控制地上部枝叶徒长。初花期，要增加水分；果实膨大期，也更需供给充足的水分。如果水分供应不足，则果实膨大慢，果面皱缩、弯曲、色泽暗淡，甚至降低产量和质量。据研究，田间持水量为 60% 时，辣椒的生长发育较好；干旱会降低辣椒的光合作用和对二氧化碳的利用率。所以，在此期间供给适宜足够的水分，是获得优质高产的重要措施。

辣椒生长进程中，空气湿度过大或过小，对幼苗生长和开花坐果影响很大。幼苗期如空气湿度过大，容易引起病害。初花期湿度过大会造成落花；盛花期空气过于干燥，也会造成落花落果。在多雨季节，要搞好排水沟，做到不积水。炎热季节，要注意培土覆盖，保水、降温，加强灌溉，增加水分的供应量。选择土地时，要选土层深厚、保肥保水好的地块，要实现高产稳产，最好选择在排灌系统健全的地块上种植辣椒。

三、光照

辣椒属喜光植物，除了在发芽阶段不需要光照外，其他生育阶段都要求有充足的光照。辣椒对光照的需求因生育期不同而异。幼苗生长发育阶段需要良好的光照条件，这是培育壮苗的必要条件。如果光照充足，幼苗的节间就短，茎粗壮，叶片厚，颜色深，根系发达，抗逆性强，不易感病，苗齐苗壮，从而为高产打下良好的基础。辣椒的育苗时期一般在 11 月至翌年 4 月，此期的光照强度较弱，常常达不到辣椒的光饱和点。弱光时，幼苗节间伸长，含水量增加，叶薄色浅，根系不发达，幼苗整体瘦弱，抗性差，易感染病害，对以后的产量有很大的影响。在此期间，要注意在晴天通风，增加见光。生长发育阶段光照充足，能够促进辣椒枝叶茂盛，叶片厚，开花、结果多，果实发育良好，这是达到高产的重要条件。

从全年看，我国大部分地区 4～10 月日照较强。辣椒的光饱和点约为 3 万 lx，较其他果菜类低，较耐弱光。过强的光照不但不能提高辣椒的同化率，而且会因强光伴随的高温而影响它的生长发育。因此，在此期间稍降低日照强度反而会促进茎、叶的生长，使枝叶旺盛，叶面积变大，结果数增多，果实发育好。不少地区经常采用辣椒和玉米或架豆间作的方式，对辣椒适当遮阴，从而获得高产。但光照降低太多，会降低同化作用，使茎、叶发育不良，影响产量。在安排辣椒生产时，要注意选地要远离树、房屋建筑，辣椒田周围不要有高秆作物，防止人为地造成过分遮光而使辣椒减产。另外要研究栽培密度，辣椒品种不同，其栽培密度差别比较大，要防止栽植过密造成植株枝叶拥挤，互相遮光，还要及时中耕除草，防止杂草与辣椒争空间。特别是炎热的夏季，易引起高温干旱，使辣椒的生长发育受阻，还易引起病害。因此，夏季要注意加强土地的覆盖和灌溉降温。辣椒开花坐果如遇连阴雨天，光照减弱，开花数会减少，而且会导致结实率降低，果实膨大的速度减慢。辣椒为中光性植物，只要温度适合，营养条件良好，光照时间的长短对开花、花芽分化的影响不大。但在较短的强光照条件下，开花时间可以提前。

四、矿质元素

辣椒的生长发育不但要大量吸收氮、磷、钾三要素，还要吸收钙（每 100 kg 鲜辣椒需 0.25 kg）、镁（每 100 kg 鲜辣椒需 0.09 kg）、硫、铁、硼、铜、锌、钼、锰和氯等多种中、微量元素。在各个不同的生长发育时期，需肥的种类和数量也有差异。幼苗期幼苗嫩弱瘦小，生长量小，需肥量也相对较少，但要求肥料质量要好，需要充分腐熟的有机肥和一定比例的氮、磷、钾肥。磷、钾肥能促进根系发达。辣椒在幼苗期就进行花芽分化，氮、磷肥对幼苗发育和花的形成有显著的影响。氮肥过量，易延缓花芽的发育分化。磷肥不足，不但发育不良，而且花的形成迟缓，产生的花数也少，并形成结实能力弱的短柱花。

移植后，辣椒对氮、磷肥的需求增加，合理施用氮、磷肥可促进根系发育，为植株的旺盛生长打下基础。氮肥施用过多，植株易发生徒长，推迟开花坐果，而且枝叶嫩弱，容易感染病毒病、疮痂病、疫病。初花后进入坐果期，氮肥的需求量逐渐加大，到盛花、盛果期氮肥的需求量达到高峰。氮肥促进分枝、发叶。磷、钾肥促进植株根系生长和果实膨大，以及增加果实的色泽。辣椒的辣味受氮、磷、钾肥含量比例的影响，氮肥多，磷、钾肥少时，辣味降低；氮肥少，磷、钾肥多时，则辣味浓。大果型品种如甜椒类需氮肥较多，小果型品种需氮肥较少。辣椒为多次成熟、多次采收的作物，生育期和采收期较长，需肥量较多，故除了施足基肥外，还应采收一次施肥一次，以满足植株的旺盛生长和开花分枝的需要。对越夏栽培的辣椒，多施氮肥，能促进植株抽发新生枝叶。施磷、钾肥能增强植株抗病力，促进果实膨大，提早翻秋花，多开花坐果，提高辣椒的质量和产量。

在施用氮、磷、钾肥的同时，还可根据植株的生长情况施用适量钙、镁、铁、硼、铜、锰、锌等多种中微肥，预防各种缺素症。在花初期增施硼肥，浓度为 0.2%，喷在植株花叶上，以加速花器官的发育，增加花粉，促进花粉萌发、花粉管伸长和受精，改善花而不实的现象，但浓度不能过高。缺钙常发生在供钙不足的果实和贮藏器官上。缺镁症状多出现在老叶上，其症状表现为叶脉间缺绿或变黄，严重时坏死。缺镁后，植株生殖生长推迟。植株缺铁症状与缺镁有些相似，但缺铁失绿症状总是出现在幼叶上。多数情况下，缺乏中微肥导致的缺绿现象发生在叶脉之间。植株缺铜时生长矮小，幼叶扭曲变形，顶生分生组织坏死。如果叶片中铜浓度过高，就会产生铜元素毒害症。植株缺锌后，叶脉间失绿、黄化或白化。在多数情况下，缺锌使植株节间变短，老叶失绿（有时嫩叶也失绿），叶片变小，类似病毒症状。缺锌后种子产量会受到很大影响。当锌离子过量时，不耐锌植株会出现锌元素毒害症，其表现是根伸长生长受阻，嫩叶出现缺绿症。

五、氧气和二氧化碳

辣椒根系在土壤氧气含量高、二氧化碳含量低的条件下，能保证正常的呼吸作用和生长发育。如果土壤通气不良，土壤中氧气含量少，二氧化碳含量高，就会减缓根的呼吸作用，限制根系对水分与矿质养分的吸收，妨碍植株的生长发育，特别是在土壤还原作用强时，还能产生有毒物质，对植株产生毒害作用。种子在萌发过程中，需要充足的氧气，如果种子吸水过多或者苗床板结，供氧不足，就会使萌动的种子因缺氧而死亡。空气中的二氧化碳含量保持在 300 μL/L 的自然条件下，能够正常进行光合作用，但是不能满足同化作用的需要。大多数作物的二氧化碳饱和点，在 50 000 lx 条件下，多为 800～1 800 μL/L，因此田间荫蔽、通风不良或密闭栽培设施内的二氧化碳低于 300 μL/L 时，使绿色植物处于饥饿状态，不利于有机物的合成。

六、土壤

土壤是辣椒生长的基础，直接影响植株生长的好坏以及产量的高低。辣椒对土壤的要求并不十分严格，黄壤土、红壤土、沙质土、黏土等各类土壤中都可以栽植，但要获得高产优质，对土壤的选择还是有讲究的。一般来说，土质黏重、肥水条件较差的缓坡地，只宜栽植耐旱、耐瘠的朝天椒、线椒或可以避旱保收的早熟辣椒。大果型肉质较厚的品种，须栽培在土质疏松、肥水条件极好的河岸或湖区的沙质土壤上，或灌溉方便、土层深厚肥沃的土壤上，才能获得高产；若在低洼盐碱地中栽培，则根系发育不良，易感染病毒病。辣椒对土壤酸碱度反应敏感，过酸、过碱对辣椒生长都不利。一般 pH 为 5.6～7.2 的中性和微酸性土壤均可种植辣椒，但在 pH 为 6.2～6.8 的弱酸性土壤中生长良好。因此，地势高燥、背风向阳、能排能灌、土壤理化性状好、透水透气性强而又保肥保水、腐殖质含量较高的沙壤土，深翻 35～40 cm，应是种植辣椒的首选。

复习思考题

一、填空题

1. 辣椒是我国各地人民都非常喜爱的_____、蔬菜，同时，辣椒也可以培育成为_____。

2. 辣椒的根分主根、_____、支根和_____等部分。

3. 辣椒的主茎高 16.5～33 cm，移植冬苗和苗期施过适量_____的苗茎高一般为 16.5～26.5 cm，移植春苗的茎高一般在 26 cm 左右，直接大田播种留苗的主茎一般高 33 cm 左右。

4. 辣椒的叶有两种：_____和真叶。幼苗出土后最早出现的两片扁长状的叶，称为_____。

5. 辣椒的花为两性花，属_____授粉作物。

6. 辣椒的果实属于_____，是由_____发育而成的真果。

7. 辣椒种子着生于果实的_____上。

8. 辣椒整个生长期的温度范围为 12 ℃～35 ℃，低于 12 ℃，要_____；超过 35 ℃，要_____。

9. 辣椒属喜光植物，除了在发芽阶段不需要_____外，其他生育阶段都要求有充足的光照。

二、思考题

1. 简述辣椒生长发育所需的主要环境条件。

2. 结合生产实际，根据辣椒的生长发育特点，总结辣椒各个时期需要的最佳生长环境。

3. 辣椒对氮、磷、钾三要素的吸收有什么特点？

第三章　辣椒测土配方施肥

学习目标

1. 掌握辣椒测土配方施肥的主要技术环节和主要内容。
2. 理解辣椒测土配方施肥的重要作用。
3. 了解辣椒测土配方施肥的国内外发展情况。

什么叫测土配方施肥？测土配方施肥一般可定义为：综合运用现代农业科技成果，根据作物需肥规律、土壤供肥性能与肥料效应，在以有机肥为基础的条件下，产前提出氮、磷、钾和微量元素肥料的适宜用量和比例，以及相应的施肥技术。

我国是一个农业大国，也是一个人口大国，解决好 13 亿人口吃饭的问题是一个始终无法回避的问题。同时我国还是一个肥料生产和消费大国。以化肥为例，我国每年化肥使用纯量超过 4 000 万 t，占世界化肥使用总量的 1/3；每公顷使用量达 240 kg，是世界平均使用量的 1.6 倍。我国目前的肥料利用率只有 30% 左右，每年浪费的肥料折合人民币高达 1 000 亿元。这相当于每年全国有 1 000 多家肥料企业生产的肥料白白地倒进土壤中，这些肥料还向上污染大气，加剧地球的温室效应；向下污染地下水，导致水质恶化，直接威胁人类和动物的健康；中间破坏土壤结构，致使土壤板结，破坏土壤微生物的组成结构；流入江河和湖泊，直接导致水质的富营养化，进而使藻类暴发，鱼虾绝迹，水质严重恶化。前些年我国湖泊和近海出现的赤潮就是水体富营养化后藻类暴发的直接体现。种种恶果的出现，使不少人迁怒于化肥，有的甚至否定化肥的施用，应当指出的是，施用化肥并无过错，错就错在化肥滥用上，而其最直接的原因是农民不知道土壤缺哪些肥料成分、缺多少、在什么时候缺，施肥完全凭经验。我国的农民祖祖辈辈一直在跟着感觉施肥，如有"粪大水勤，不用问人"的传统施肥观念。

怎么样才能把肥施得恰到好处呢？打一个比喻，施肥就跟医生给人看病一样，先要找到病人的病因，然后给病人开药方，病人拿着药方到药店抓药。这样才能对症下药，恰到好处。把这个比喻放到施肥上，就是我国从 20 世纪 80 年代开始实施的测土配方施肥工作。

测土配方施肥，是现代农业中一项非常重要的平衡施肥技术，这在国外推行已久。一般来说，测土配方施肥是在对土壤化验分析，并掌握了土壤供肥情况的基础上，根据种植作物的需肥特点和肥料释放的规律，由肥料专家确定施肥的种类，配合比例、施用数量和施肥时期，按方施肥，也只有采用这种方式才能做到科学施肥。

肥料在农业生产中的作用极其重要，因此，肥料的科学正确使用，是确保解决我国人民吃饭问题的一个非常重要的因素。农业部肥料处高祥照博士用了 3 个 1/2 来说明化肥在我国农业生产中的重要性：肥料占据我国农业投入的 1/2，肥料支撑我国 1/2 以上农产品的产量，肥料养活着 1/2 的中国人。

第一节　辣椒测土配方施肥的作用与原理依据

一、测土配方施肥的作用

测土配方施肥（也称平衡施肥）体现了解决作物需肥与土壤供肥的矛盾。其目的是保持提高土壤肥力，提高作物产量和品质，减少浪费，节约成本，保护环境，优化作物生产布局。

1. 提高作物产量

有关资料显示，测土配方施肥可以显著提高作物产量。据保守预计，配方施肥可使作物产量增加 10% 以上，有些地方甚至达到 40%～50%。

2. 减少浪费，节约成本，保护环境

作物实施测土配方施肥平均每亩耕地可以节约肥料 10% 左右，折合人民币 20～30 元，同时，可以使每亩作物增产 10% 左右，粗略计算可以增加收入 30～40 元。这两项相加，保守计算可增加 50～60 元的收入。同时，实施测土配方施肥，有利于作物充分吸收肥料，促进作物生长，减轻了因为肥料的不平衡施用而导致的环境污染问题。

3. 改善农产品品质

许多人认为，瓜不甜、果不香、菜无味、饭难吃、辣椒不香辣都是化肥惹的祸。其实不是施不施化肥的问题，而是滥用化肥的缘故。合理使用化肥，瓜照样甜，果依旧香，饭仍可口，辣椒同样香辣。而测土配方施肥就可以达到这样的效果。

4. 改善土壤肥力

我国由于人口压力大，致使土地的产出率非常高。目前，不少地区的土壤肥力在下降，这是农民重视化肥而忽视有机肥的结果。测土配方施肥，能够使农民明白土壤中到底缺少什么元素。根据需要配方施肥，才能使土壤缺少的养分及时得到补充，维持和提高土壤肥力。

5. 优化作物布局

我国长期以来，土地种植什么作物不是由土壤和气候本身的特征特性决定的，而是由农民的需要确定的，由此带来的结果往往是"高投入"得到的却是"低产出"。这就有点像"马犁水田，水牛耕旱地"，不是不可以做，关键是效率不高。如果先测土壤，再根据土壤、气候、环境等因素布局作物生产，作物产出率就可以提高。

二、测土配方施肥的原理依据

作物测土配方施肥是根据作物生长发育对于土壤养分的消耗，充分考虑作物、土壤和肥料体系的相互联系的施肥方法。测土配方施肥的原理如下：

1. 元素的营养学说

作物的生长发育离不开阳光、空气、水分、温度和养分等环境条件，作物需要营养元素就像人们生活中需要粮食、蔬菜、肉等一样重要。作物一生中需要从土壤中吸收多种营养元素。根据现代科学测定，在植物体内有70多种元素，其中有16种化学元素（碳、氢、氧、氮、磷、钾、钙、镁、硫、铁、硼、锰、钼、锌、铜、氯）是一切作物生长所必需的，这些元素被称为必需营养元素。其余某些元素虽然存在于一些作物体内，但含量极微，也并非是作物生长所必需的，如贵州凤冈湄潭茶叶中含有微量硒，茶叶缺硒照样正常生长发育。生产上为了避免土壤中缺乏必需营养元素，就要通过施肥给予补充，以满足作物生长发育的需要，证明作物施肥的可行性。

2. 营养元素的同等重要律和不可代替律

植物所需的营养元素包括大量元素和微量元素，不论它们在植物体内的含量是多少，均具有各自的生理功能。它们各自的营养作用是同等重要的，这就是同等重要律。每一种营养元素所具有的特殊生理功能是其他元素不能代替的，这就是不可代替律。例如，贫瘠而缺氮的土壤上，植株长得矮小，叶片发黄。若及时施用氮肥，叶色会由黄绿变浓绿，而且植株长得枝繁叶茂。若施用其他元素的肥料，则植株还是不能正常生长发育。这不仅影响作物的产量与品质，严重时还可造成作物早衰和死亡。又如，南方有的土壤缺硼，虽然硼在植物体内含量很少，但油菜严重缺硼时，可引起花而不实的现象，而这时即使土壤中氮、磷、钾等营养元素含量很丰富，但如不及时施硼，油菜也不能正常结实。以上两例说明，营养元素各自有专一的生理功能，这种功能是其他营养元素不能代替的。

营养元素的这两种规律在施肥上有如下现实指导意义：

一是作物必需的营养元素不论是氮、磷、钾等大量元素，还是铁、硼、锰、钼、锌、铜、氯等微量元素，都应该满足作物的需求。若是缺少某种必需的营养元素，就会影响作物正常的生长发育，影响作物的产量和品质。

二是施肥要有的放矢，做到缺什么补什么，不能用一种肥料去替代另一种肥料。

三是施肥时尽量做到有机肥与无机肥（完全肥料与单一肥料）配合施用，相互协调，以满足作物对土壤中各种不同元素的需求，各种肥料的配合施用很重要。作物生长所必需的各种营养元素之间有一定的比例。有针对性地解决限制当地产量提高的最小肥料元素，协调各元素之间的比例关系，纠正过去单一元素施肥偏见，实行氮、磷、钾和微量元素肥料的配合使用，才能发挥各养分之间的互相促进作用。这是实施测土配方施肥的重要依据。

辣椒生长发育对氮、磷、钾三要素的需求高，一般每生产100 kg 干辣椒（一般4 kg 鲜辣椒可生产1 kg 干辣椒）需要吸收纯氮（N）0.52~0.58 kg、纯磷（P_2O_5）0.06~0.11 kg、纯钾（K_2O）0.65~0.74 kg。可见施肥对于保持土壤肥力、提高作物产量是非常重要的。

3. 养分归还学说

地球上一切物质和生命活动都处于运动和循环过程中。作物在生长发育过程中，要从土壤中不断吸收各种营养物质。作物长期吸收利用土壤中的养分，会使土壤中的某些养分变得越来越少，使养分失去平衡，地力逐渐下降。要恢复地力，就必须归还从土壤中吸收带走的各种营养元素。这就是养分归还学说的主要内容。

养分归还学说在施肥上的指导意义有：一是不仅要归还各种矿质营养元素，还要归还氮素等非矿质营养元素；二是作物吸收并带走的养分不是全部要归还的，一些非必需的元素，以及作物吸收量少、土壤中相对含量较大的元素，可以不归还或暂时不归还。

从归还比例（归还量占吸收总量的百分率）来看，归还比例越大，表明作物从土壤中带走的元素越少，土壤中元素的损失也越小。归还比例大体可分成三类：第一类是低度归还类型，其归还比例一般小于 10%。氮、磷、钾三元素的平均归还比例分别为 7.39%、2.06%、6.46%。为了保证土壤中养分的平衡，必须重视向土壤中及时补充氮、磷、钾三要素。第二类是中度归还类型，有钙、镁、硫等元素，其归还比例为 10% ~ 30%。除了某些特别敏感的作物需及时归还、补充以上元素外，一般农田不必补充。第三类是高度归还类型，有铁、锰等元素，其归还比例一般大于 30%，它们一般不必以施肥方式补充。

从土壤养分的归还比例可以看出，在我国目前农业生产发展不平衡的情况下，贫困地区往往是肥料不足的地区，为了促进这些地区农业的均衡增产，应重视对土壤肥力较低的薄地、瘦地和中低产地区增加施肥量。首先要归还这些地块的必需营养元素。在必需营养元素中，碳、氢、氧三种元素在作物体中的含量虽然高达 90% 以上，但它们可以通过呼吸作用从空气和土壤中的水分获得。而氮、磷、钾三种元素，作物需要量较大，归还土壤较少，因此这三种元素需要以肥料的形式加以补充。

在养分归还学说的指导下，测土配方施肥解决了作物需肥与土壤供肥的矛盾。作物的生长，不仅需要消耗土壤养分，同时还需要消耗土壤有机质。因此，正确处理好肥料（有机肥与无机肥）投入与作物产出、用地与养地的关系，是提高作物产量与改善农产品品质，维持和提高土壤肥力的重要措施。

4. 最小养分律

最小养分律的含义是：植物为了生长发育需要吸收各种养分，但是决定作物产量高低的，是土壤中有效含量相对最小的那个养分因素。在一定范围内，产量随着这个因素的增减而升降，如果忽视这个最小因素，即使增加其他养分，也难以提高作物的产量。目前比较通俗的解释是木桶法，如图 3－1 所示。

最小养分律在施肥上的指导意义如下：

一是最小养分是可以变化的，原来是最小养分，通过施肥不一定还是最小养分，其他养分可能变成了最小养分。

二是最小养分并非指土壤中绝对养分含量状况，而是指土壤中相对含量最小的养分。大量元素氮、磷、钾等在土壤中的含量较高，而微量元素在土壤中的含量就低得多，不论大量元素还是微量元素，只要其有效态养分相对含量减少到影响作物生长发育，影响作物产量时，这种元素就是最小养分。例如，有效磷小于 5 mg/kg 时就表示缺乏，而水溶性硼小于 0.5 mg/kg 就表示缺乏，所以最小养分不是以绝对含量来确定的。

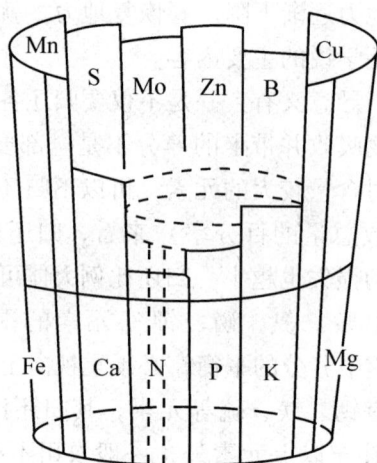

图 3-1　最小养分律木桶法图解

　　三是正确判断当前土壤中什么元素是最小养分，需要通过田间试验和土壤测试才能知道。当增施少量最小养分的肥料后，作物可以获得较显著的增产效果，这时所施入的元素就是当前条件下该土壤的最小养分，这时测定的土壤中该养分的含量就是最小养分量。

　　四是作物的养分只是栽培措施中一个重要因素，生产上常常把最小养分律扩大到所有影响作物生长的气候、温度、水分、光照、土壤结构和其他技术措施等因子上，成为最小因子律。生产上当一种因子不足时，就成为最小因子，只有补充和满足该因子后作物才能正常生长发育并获得增产。例如，在相同栽培管理条件下，土壤肥力往往是限制产量提高的最小因子；在高肥力土壤上，作物的品种与特性可能是限制产量的最小因子；往往高寒地区的水、肥条件较好，而温度通常是最小因子等。最小因子就是农业生产中首先需要解决的主要矛盾。

　　5. 报酬递减律与肥料效应方程

　　报酬递减律反映了投入与产出过程中客观存在的规律。它是 18 世纪后期，由欧洲经济学家提出来的。它虽然是经济学的一个基本原则，但也适用于农业等领域。20 世纪初德国化学家米切里西在肥料试验中探讨施肥量与产量间的关系时发现：在其他栽培条件相对稳定的前提下，随着施肥量的逐渐增加，作物总产量随之增加，但单位施肥量的增产量却随施肥量的增加而递减，这就是农业化学上著名的米氏学说。同时米切里西提出用米氏方程式（一次函数式）反映施肥与产量间的数量关系，从而使肥料工作由以往的经验施肥向定量施肥迈出了一大步。米氏方程式虽然反映了施肥与产量间的关系服从报酬递减律，但是，该方程不能反映当某个因子的施用量超过最适量时，就会变成毒害因子，抑制作物的正常生长发育，甚至引起减产的问题。后来由美国学者弗佛尔（Pfeiffer）等人提出了施肥与产量间的抛物线模式：$y = b_0 + B_1 x + b_2 x^2$。该一元二次方程式就是最简单的肥料效应方程式。肥料效应方程式反映出施肥量很低时，产量几乎成直线上升的关系，即这个阶段中产量随施肥量的增加而增加；但在达到作物最高产量后产量随施肥量的增加而下降。同时，通过肥料效应方程式的统计分析可以计算出各种施肥参数，绘制出肥料效应的抛物线图形等。肥料效应方程式为改进和提高施肥技术提供了科学依据，从而成为当前配方施肥的基本方法之一。

报酬递减律与肥料效应方程在生产上具有的现实指导意义：一是不是肥料越多产量就越高，必须克服施肥上的盲目性。因为盲目施肥、过量施肥将造成作物减产并增加农业生产成本。二是不能单纯考虑用减少施肥量来消极地提高经济效益，而应该采用新技术，在促进农业发展、提高施肥水平的前提下，提高肥料利用率和经济效益。

对于某一个作物品种的肥料投入数量应该有一定的限度。在土壤矿质元素缺乏的贫瘠的中低产地区，施用肥料的增产幅度最大；在土壤矿质元素丰富的肥沃的高产区，对施用肥料数量和技术的要求就比较严格。肥料过量投入，超过一定限度，不论哪类地区，都会导致肥料效益的下降，甚至造成减产的后果。同时，还会对环境造成污染。因此，确定最经济的肥料用量是测土配方施肥的核心。

6. 测土配方施肥是一项综合性技术体系

测土配方施肥虽然是以确定不同养分的施肥总量为主要内容的，但是为了充分发挥肥料的最大增产效益，施肥还必须结合选用优良品种、科学的肥水管理和耕作制度，还要充分考虑气候变化等影响肥效的各种因素。测土配方施肥继承和发展了合理施肥技术，是施肥技术的革新，它并不排斥其他因子和技术措施的配合，而是更重视并强调各因子、各项技术措施的紧密配合，以充分发挥因子间的交互效应和增产效率。

第二节　辣椒测土配方施肥方法

测土配方施肥按照实施方法不同一般可以分为地力分级配方法，养分平衡法，养分丰缺指标法，氮、磷、钾比例法，地力差减法和肥料效应函数法等。

一、地力分级配方法

地力分级配方法是按照土壤肥力的高低将土地分为若干等级，或划出一个肥力均等的田片作为一个配方区，利用土壤普查资料和过去田间试验成果，结合群众的实践经验，估算出这一配方区内比较适宜的肥料种类及其施用量。

地力分级配方法的优点是针对性强，提出的用量和措施接近当地经验，群众容易接受，推广的阻力比较小；缺点是存在地区局限性，依赖经验成分比较多。

地力分级配方法适用于生产水平差异小、基础条件比较差的地区。在地力分级配方法的实行过程中，必须结合试验示范，逐步扩大科学测试手段和科学指导工作的分量。

二、养分平衡法

养分平衡法是以土壤养分测定值来计算土壤供肥量。肥料的需要量可以按照公式（3-1）

计算：

$$肥料需要量 = \frac{作物单位产量养分吸收量 \times 目标产量 - 土壤测定值 \times 校正系数}{肥料养分含量 \times 肥料当季利用率}$$

$$(3-1)$$

这一方法表达清楚，容易掌握。但缺点也是明显的，由于土壤具有缓冲性能，所以土壤养分具有动态平衡特点。土壤测定值是一个相对量，并不能直接计算出土壤供肥量，一般需要通过试验获得校正系数加以调整才能应用。

三、养分丰缺指标法

养分丰缺指标法是在田间布置 CK（对照，不施肥）、NP（施氮磷肥）、PK（施磷钾肥）、NK（施氮钾肥）和 NPK（施氮磷钾肥）五区试验，同时测定土壤中速效养分含量，并计算出各缺肥区的相对产量。相对产量用缺肥区实收产量占同地块上最高产量（一般以NPK 区的产量作为最高产量）的百分数来评价。缺肥区相对产量的大小反映了土壤有效养分对作物生长效应的贡献程度。

一般的分级指标是：相对产量在 50% 以下的，土壤养分状况为"极缺"，施用该种肥料有非常显著的增产效益；相对产量为 50%～70% 的为"缺"，施用该肥料有显著的增产效果；相对产量为 75%～85% 的为"中"，施用该肥料有一定的增产效果；相对产量为 85%～95% 的为"丰"，施用该肥料一般无明显效果；相对产量在 95% 以上的为"极丰"，施用该肥料无效果，稍多还可能产生不良影响。相对产量的计算公式如式（3-2）所示：

$$缺氮区的相对产量 = \frac{PK\ 区的产量}{NPK\ 区的产量} \times 100\%$$

$$(3-2)$$

同理可以计算出缺磷区和缺钾区的相对产量。

在取得各个试验土壤养分测定值和相对产量的成对数据后，以土壤养分测定值为横坐标（x），以相对产量为纵坐标（y）作图以表达两者的相关性，一般为 $y = a + b\lg x$ 或 $y = x/(b + ax)$ 方程。为使回归方程达显著以上水平，需在 30 个以上不同土壤肥力水平（不同土壤养分测定值）的地块上安排试验，且高、中、低的土壤肥力要尽量分布均匀，其他栽培管理措施一致。

不同作物有各自的丰缺指标，在测土配方施肥中，最好通过试验找出当地作物的丰缺指标参数，这样指导施肥才能科学有效。

在一个地方通过试验得到了某种作物的上述回归方程后，就可以计算出该地区该作物的土壤养分的临界指标，并可依此制成养分丰缺指标及应施肥料的检索表。这样一来，只要知道土壤速效养分测定值，就可以对照检索表按照等级来确定该肥料的施用量。

该方法虽然直观简便，但是，精确度比较差。对于氮来说，其测定值与产量的相关性比较差，因此该方法一般只用于磷、钾和微量元素肥料。

四、氮、磷、钾比例法

氮、磷、钾比例法是通过田间试验结果得出氮、磷、钾肥的最适用量，然后计算出三者之间的比例关系，这样就可以在确定其中一种养分的量后，再按照各种养分之间的比例关系，来确定其他养分的肥料用量。利用此方法，根据不同土壤类型和肥力水平，可以制定出氮、磷、钾适宜施肥配方表，供实际生产使用。

该方法工作量少，群众容易掌握，推广起来比较方便、迅速，但是存在地域性和时效性特别强的局限性。因此，要针对不同作物和不同土壤，找出符合客观实际的氮、磷和钾的比例关系。特别要注意的是不要把作物吸收氮、磷、钾的比例与农作物应施氮、磷、钾肥的比例混淆，因为施肥的肥料种类不同，施用的作物不同，施肥的土壤类型不同，施肥的气候环境不同，施肥方法不同，不同肥料养分的实际利用率差别比较大。例如，碳酸铵表施与深施，碳酸铵中氮的利用率可相差 1 倍以上；磷肥和有机肥配合，可显著提高磷的利用率；氮、磷、钾配合使用可以显著提高氮、磷、钾肥的利用率。

【例 3 - 1】 某研究所通过试验得到，在充足施有机肥的基础上，辣椒施用氮、磷、钾化肥的比例为 1 : 0.4 : 0.9，问目标产量是 300 kg 时，需要施氮、磷、钾肥各多少？

分析：用氮、磷、钾比例法计算施肥量，可以通过氮的施用量确定磷、钾的施用量，也可以由磷、钾的施用量确定氮的施用量。

解：（1）以氮的施用量确定磷、钾的施用量。

先采用养分平衡法把应施的氮量确定下来，然后按比例换算出磷、钾的施用量。

氮（N）的施用量为：$300 \times 0.023\ 2 = 6.96$（kg），折合尿素（含 N 46%）为 15.13 kg。

根据施肥比例，磷、钾的施用量分别如下：

磷（P_2O_5）的施用量为：$6.96 \times 0.40 = 2.784$（kg），折合普通过磷酸钙（含 P_2O_5 12%）为 23.2 kg。

钾（K_2O）的施用量为：$6.96 \times 0.9 = 6.264$（kg），折合硫酸钾（含 K_2O 50%）为 12.53 kg。

（2）以磷的施用量确定氮的施用量。

先采用田间试验法或丰缺指标法把磷肥用量确定下来，然后按比例法求氮肥或者钾肥用量。假设测得土壤有效磷含量是 7 mg/kg，可施磷（P_2O_5）2.4 kg，所施尿素的含氮量为 46%，所施硫酸钾的含钾量为 50%。

根据比例关系（施用氮、磷、钾化肥的比例为 1 : 0.4 : 0.9），可得：1 kg 磷（P_2O_5）应配施（1/0.4）kg 氮素，应配施（0.9/0.4）kg 钾素。

应施尿素的量为：$2.4 \times (1/0.4)/46\% = 13.0$（kg）；

应施硫酸钾的量为：$2.4 \times (0.9/0.4)/50\% = 10.8$（kg）。

五、地力差减法

地力差减法是根据目标产量和土壤生产的产量、肥料生产的产量相等的关系来计算肥料的需要量，进行配方施肥的方法。该地力就是土壤肥力，这里用产量作为指标，目标产量等于土壤生产的产量加上肥料生产的产量。土壤生产的产量是指在作物不施任何肥料的情况下得到的产量，即空白地产量，它所吸收的养分全部来自土壤。从目标产量中减去空白地产量就是施肥后增加的产量。各种肥料需用量可以按照公式（3-3）计算：

$$肥料需要量 = \frac{作物单位产量养分吸收量 \times （目标产量 - 空白地产量）}{肥料养分含量 \times 肥料当季利用率} \qquad (3-3)$$

【例3-2】 某一块土地经过试验得到不施肥（空白）干辣椒亩产为116 kg，计划目标产量为320 kg，问需要施多少氮、磷、钾肥？

解： 先参阅有关资料，形成100 kg干辣椒需要的养分为氮（N）2.32 kg、磷（P_2O_5）0.4 kg、钾（K_2O）2.6 kg。然后根据地力差减法公式计算各个肥料需要量，分别计算如下（氮肥利用率为30%，磷肥利用率为20%，钾肥利用率为40%）：

氮（N）的施用量为：2.32% ×（320-116）/30% = 15.77（kg）；

磷（P_2O_5）的施用量为：0.4% ×（320-116）/20% = 4.08（kg）；

钾（K_2O）的施用量为：2.6% ×（320-116）/40% = 13.26（kg）。

地力差减法虽然不需要进行土壤检测，避免了使用养分平衡法每个季节都要测定土壤养分的麻烦，计算简便，但是空白地产量是决定产量各个因子的综合结果，它不能反映土壤中各种营养元素的丰缺情况，或者说不能反映哪一种养分是作物生长的限制因子，只能根据作物吸收量来计算需要量。一方面，不可能预先知道按照作物产量计算出来的用肥量对于计划种植的作物是否满足或者已经造成浪费。在【例3-2】中，经过土壤分析发现，土壤中的磷元素已经非常丰富，产量的限制因素是氮元素缺乏，磷肥施用按照空白辣椒吸收计算就会造成磷肥的浪费。另一方面，空白地产量占目标产量中的比重，也就是产量对于土壤的依赖率是随着土壤肥力的提高而增加的。土壤肥力越高，得到的空白产量也越高，而施肥增加的产量就越低。从这个产量计算出来的施肥水平也就越低。因此，作物产量越高，通过施肥归还土壤的养分就越少，特别是氮肥用量不足最容易出现地力亏损而使土壤地力下降，而在生产实践中短期内往往不易被发现。这应该引起特别注意。

【例3-3】 如果在【例3-2】的土地中，每亩施有机肥1 900 kg，其中含氮（N）0.4%，含磷（P_2O_5）0.2%，含钾（K_2O）0.8%，有机肥中氮、磷、钾元素的利用率分别是20%、15%、20%，则需要补施多少氮、磷、钾肥？

一般来说，有机肥中的氮是作为补偿地力考虑的，则可以提供的磷、钾养分分别是：

磷（P_2O_5）的施用量为：1 900 ×0.2% ×15% = 0.57（kg）；

钾（K_2O）的施用量为：1 900 ×0.8% ×20% = 3.04（kg）。

因此，应该补施化学肥料的数量是：

应该补氮（N）15.77（kg），折合尿素34.28 kg；

应该补磷（P_2O_5）4.08 - 0.57 = 3.51（kg），折合普通过磷酸钙（P_2O_5 12%）29.25 kg；

应该补钾（K_2O）13.26 – 3.04 = 10.22（kg），折合硫酸钾（K_2O 50%）20.44 kg。从以上的计算可以得到，该类型土壤施化肥氮、磷、钾的比例是 1∶0.22∶0.65。

六、肥料效应函数法

肥料效应函数法一般采用单因素或二因素多水平试验设计（如 3414 试验设计①）为基础，将不同处理得到的产量进行数理统计，求得产量与施肥量之间的函数关系（肥料效应方程式）。根据肥料效应方程式，不仅可以直观地看出不同肥料元素的增产效益，以及其配合施用的联合效果，而且还可以分别计算出经济施用量和施肥的上下限，作为建议施肥的依据。该方法能够客观地反映影响肥料效应的各个因素的综合效果，且精确度高、反馈性好。但是，由于是田间动态的实践反映，有比较强的地域局限性，需要在各种不同土壤上在不同年份布置试验积累资料，所以需要的时间比较长。

七、配方施肥中有机肥的平衡施用

1. 有机肥的最低施肥量

配方施肥必须采取有机肥和无机肥相互结合的方法，在施用有机肥保持土壤肥力不断提高的前提下配合施用化肥。这就需要确定土壤有机肥的最低用量。据研究，土壤有机质的年矿化率一般在 3% 左右（地膜覆盖的有机质矿化率还要提高，需要根据不同区域试验确定）。

如果土壤有机质含量为 2.5%，那么每年每亩矿化消耗掉的有机质为：150 000 × 2.5% × 3% = 112.5（kg）。再根据不同有机肥的腐殖化系数换算成实物量。不同土壤和地区的腐殖化系数差别比较大。例如，牛厩肥腐殖化系数为 40%，含水量为 80%，那么补充土壤消耗掉的有机质每亩应该施牛厩肥：112.5/（40% × 20%）= 1 406.25（kg）。这是保持土壤有机质不降低的最低有机肥用量。如果采用地膜覆盖，土壤有机质的矿化率能提高到 3.5%，同样的土壤有机质含量，每亩需要投入的有机肥就会增加为（150 000 × 2.5% × 3.5%）/（40% × 20%）= 1 640.625（kg）。这样才能保持土壤有机质平衡，因此，地膜覆盖栽培特别需要注意有机肥的投入。保持土壤有机质平衡的最低施肥量（kg/亩）可以采用式（3 – 4）计算：

$$有机肥最低用量 = \frac{土壤有机质含量(\%) \times 土壤有机质矿化率(\%)}{有机肥的腐殖化系数(\%) \times [1 - 有机肥含水量(\%)]} \times 150\ 000 \quad (3 - 4)$$

换句话说，要保持土壤肥力不下降，有机肥的最低施用量应该使有机肥留下的养分等于土壤供作物所消耗的养分量（以氮计）。据研究报道，禾本科作物的土壤供氮量大约为吸收量的 1/2，果树的土壤供氮量大约为吸收量的 1/3。即禾本科作物的有机肥最低用量应该是：

---

① 2005 年农业部下发的《测土配方施肥技术规范（试行）》推荐采用"3414"试验设计方案。"3414"试验设计方案是 3 因素、4 水平、14 个处理优化的不完全实施的正交试验。

$$有机肥最低用量 = \frac{土壤供给养分量(N)}{有机肥含氮量×(1-有机肥氮利用率)}$$

$$= \frac{作物计划产量所需养分量×\frac{1}{2}}{有机肥含氮量×(1-有机肥氮利用率)} \qquad (3-5)$$

【例3-4】辣椒每亩的目标产量设计为300 kg，问应该最低施用多少优质有机肥（含氮量为0.3%，当季利用率为30%），才能维持土壤肥力不降低？还应该补充多少氮肥？

解： 首先通过查资料得到每生产100 kg干辣椒需要吸收氮2.32 kg，那么有机肥最低用量为：

$$\frac{\frac{300}{100}×2.32×\frac{1}{2}}{0.3\%×(1-30\%)} = 1\,657（kg/亩）。$$

施用有机肥1 657 kg能够为辣椒提供氮素为：

1 657×0.3%×30% = 1.49（kg）；

由于土壤提供了目标产量吸氮量的1/2，也就是：

300/100×2.32×1/2 = 3.48（kg）；

所以还应该施用化学肥料氮的量为：

300/100×2.32-3.48-1.49 = 1.99（kg）。

2. 有机肥和无机肥的分配与换算

在确定总施肥量后还需要科学合理地分配有机肥和无机肥的用量，一般情况下，有机肥与无机肥的换算方法有三种。

第一，同效当量法。由于有机肥和无机肥当季利用率不同，需要先通过试验，计算出某种有机肥所含的养分相当于多少单位化肥所含养分的肥效，这个系数称为"同效当量"。以氮为例，在磷、钾元素满足的情况下，采用等量的有机氮、无机氮进行试验，以不施氮为对照，测出产量后，用式（3-6）计算：

$$同效当量 = 有机氮处理的产量-无氮处理的产量$$
$$= 化学氮处理的产量-无氮处理的产量 \qquad (3-6)$$

如果计算出同效当量为0.65，也就是说1 kg有机氮相当于0.65 kg无机氮。

第二，产量差减法。先通过试验，取得某一种有机肥单位施用量能增加多少产量，然后从目标产量中减去有机肥能增产的部分，就得到应该施化肥才能得到的产量。

【例3-5】1 500 kg优质有机肥可比不施氮肥的空白地增产104 kg辣椒，即每100 kg优质有机肥可增产辣椒104/15 = 6.93（kg）。在这种类型的地块要通过施肥增产辣椒220 kg，在施用900 kg优质有机肥后，需要通过施化肥增加的产量是多少？

解： 可以分两步计算：

第一步，计算出900 kg优质有机肥可增产辣椒的量为：

$900 \times 6.93/100 = 62.37$（kg）；

第二步，计算通过化学肥料增加的辣椒产量为：

$220 - 62.37 = 157.63$（kg）。

第三，养分差减法。养分差减法是在掌握各种有机肥利用率的情况下，先计算有机肥中的养分含量，同时计算出当季能利用多少，然后从需肥总量中减去有机肥能利用的部分，剩余的就是无机肥应施用的数量：

$$无机肥施用量 = \frac{总需肥量 - 有机肥用量 \times 养分含量 \times 该有机肥当季利用率}{化肥养分含量 \times 化肥当季利用率} \qquad (3-7)$$

【例3-6】辣椒高产栽培试验计算出总需肥量氮为7.5 kg，计划施用2 500 kg优质有机肥（N含量0.5%），有机肥的当季利用率为25%，这个试验还需要施用多少尿素（N含量46%）（设尿素的当季利用率为42%）？

解：应施尿素：$(7.5 - 2\ 500 \times 0.5\% \times 25\%)/(46\% \times 42\%)$

$= 22.6$（kg）

八、测土配方施肥实施的一般程序

测土配方施肥涉及面比较广，是一个系统工程，整个实施过程需要农业教育、科研、技术推广等单位部门和广大的农民群众相结合，配方肥料的研制、生产、销售、应用相结合，还需要现代技术与传统实践经验相结合，具有明显的系列化操作、产业化服务的特点。一般采用的测土配方施肥方法，主要有以下8个步骤（图3-2）。

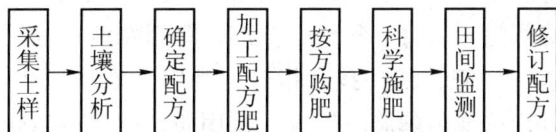

图3-2 测土配方施肥步骤

1. 采集土样

采集土样一般在秋收后进行，采样的主要要求是：地点选择以及采集的土壤都要有代表性。从过去采集土壤样品的情况来看，非常多的农民甚至技术人员对采样并不很重视，不能严格执行操作规程。采集的土壤样品没有代表性。采集土样是测土配方施肥的基础，如果采集不准，就从根本上失去了测土配方施肥的科学性。为了了解作物生长期内土壤耕层中养分供应的状况，采样深度一般为20 cm，如果种植作物的根系比较长，可以适当加深采样土层。

采样一般以50～100亩面积为一个单位，但也要根据实际情况确定。如果地块面积大，土壤肥力相近，取样代表面积可以适当放大一些；如果是坡耕地或者地块零星分布，土壤肥力变化大，取样代表面积也可以小一些。取样可以采用东、西、南、北、中五点法，去掉表土覆盖物，按标准深度挖成剖面，按照土层均匀取土。然后将采得的各点土样混匀，采用四分法逐步减少样品数量，最后留 1 kg 左右即可。把取得的土样装入布袋内，布袋的内外都要放挂标签，标明取样地点、日期、采样人及分析的有关内容。

2. 土壤化验

土壤化验（土壤分析）就是土壤诊断，一般要求由县级以上农（林）业和科研部门的化验室进行。化验内容的确定，一般要考虑需要和可能两方面，按目前农民对化验费的实际承担能力，只能选择一些相关性比较大的主要项目。各地普遍采用的五项基础化验分别是碱解氮、速效磷、速效钾、有机质和 pH 值。这五项中，碱解氮、速效磷和速效钾是体现土壤肥力的三大标志性营养元素。有机质和 pH 值可以作为参考项目，可以根据需要有针对性地化验中、微量元素。土壤化验要准确、及时。化验取得的数据按农户填写化验单，并登记造册，装入地力档案，输入计算机，建立土壤数据库。

3. 确定配方

配方选定由农（林）业专家和专业农（林）业科技人员来完成。可由省农业大学、农业科学院和土肥管理站的知名专家组成专家组，负责分析研究有关技术数据资料，科学确定肥料配方。各地的农业技术推广中心、土肥站，负责本地的肥料配方。首先要由农户提供地块种植的作物，及其规划的产量指标。农业科技人员根据一定产量指标的农作物需肥量、土壤的供肥量，以及不同肥料的当季利用率，选定肥料配比和施肥量。这个肥料配方应该按照测试地块落实到农户。按户、按作物开方，以便农户按方买肥，"对症下药"。

4. 加工配方肥

配方肥料生产要求有严密的组织和系列化的服务，应该成立测土配方施肥技术产业协作网。这个协作集行业主管部门、教育、科研、推广、肥料企业、农村服务组织于一体，实行统一测土、统一配方、统一供肥、统一技术指导，为广大农民服务。配方肥料的生产第一关，要把住原料肥的关口，选择名牌肥料厂家，选用质量好、价格合理的原料肥，加强质量监测。配方肥料的质量一方面取决于基础肥料的质量、浓度及加工过程中保持养分的措施；另一方面取决于配比是否科学、合理，对作物和土壤是否具有针对性。那些一生产就是几年的"通用型"固定配方，以及盲目添加多种微量元素的"十全大补丸"式产品是不科学、不经济、不适用的，乱加微量元素不仅无益而且有害。为了保证质量，生产企业应该与大专院校、科研单位联合起来研究出科学的、可变的配方，并在加工过程中严格遵守程序，保证质量。另外，生产出来的产品必须经过质量检测。

5. 按方购肥

经过这些年推广测土配方施肥的技术，一些地方已经摸索出了配方肥的供应办法。县农业技术推广中心在测土配肥之后，把配方按农户、按作物列出清单，县推广中心、乡镇综合服务站、农户各一份，由乡镇综合服务站或县推广中心按配方销售给农户。科学本身是严格的，来不得半点马虎。要认真解决过去出现的"只测土不配方、只配方不按配方买肥"的问题，全面落实测土配方施肥的操作程序，不断提高科学化水平。

6. 科学施肥

配方肥料大多数作为底肥一次性施用，要掌握好施肥深度，控制好肥料与种子的距离，尽可能有效满足苗期和生长发育中、后期对肥料的要求。用作追肥的肥料，更要看天、看地、看作物，掌握好追肥时机，提倡水施、深施，提高肥料利用率。

7. 田间监测

测土配方施肥是一个动态管理的过程。使用配方肥料之后，要观察农作物生长发育，要看收成结果，从中分析，跟踪调查。在农业专家指导下，基层专业农业科技人员与农民技术人员和农户相结合，实施田间监测，翔实记录，将结果纳入地力管理档案，并及时反馈给专家和技术咨询系统，作为调整、修订平衡施肥配方的重要依据。

8. 修订配方

以省为单位的测土配方施肥的测土工作一般一年进行一次。按照测土得来的数据和田间监测的情况，由农（林）业专家组和专业农（林）业科技咨询组共同分析研究，修改、确定肥料配方，使测土配方施肥的技术措施更切合实际，更具有科学性。这种修改完全符合科学发展的客观规律，每一次反复，都是一次深化提高。

九、肥料施用结构

采用测土配方施肥方法计算出肥料使用的总体数量后，还应该根据辣椒的生长发育特点和气候特性因地制宜施用。辣椒生长周期长，生产目标不同，施肥结构和方法也相应不一样。一般基肥要充足持久，养分要全，有机肥和磷肥绝大部分作为基肥。氮肥和钾肥的 40% ~60% 作为基肥，余下的作为追肥。追肥一般采取及时追施苗肥、稳施坐果肥、重施花果肥的策略。

复习思考题

一、填空题

1. 测土配方施肥一般可定义为：综合运用现代农业科技成果，根据_____需肥规律、土壤供肥性能与肥料效应，在以有机肥为基础的条件下，产前提出氮、磷、钾和微量元素肥料的适宜_____和比例，以及相应的施肥技术。

2. 实施测土配方施肥，有利于作物充分吸收，促进作物生长，减轻了因为肥料的不平衡施用而导致的_____。

3. 作物测土配方施肥是根据_____对于土壤养分的消耗，充分考虑作物、土壤和肥料体系的相互联系的施肥方法。

4. 最小养分律的含义是，植物为了生长发育需要吸收各种养分，但是决定作物产量高低的，是土壤中有效含量相对最小的那个养分因素。在一定范围内，_____随着这个因素的增减而升降，如果忽视这个最小因素，即使增加其他养分，也难以提高作物的产量。

5. 测土配方施肥按照实施方法不同一般可以分为地力分级配方法、_____、养分丰缺指标法、_____、地力差减法和肥料效应函数法等。

6. 采用测土配方施肥方法计算出肥料使用的总体数量后，还应该根据_____的生长发育特点和气候特性因地制宜施用。

二、思考题

1. 什么是测土配方施肥？

2. 怎样进行测土配方施肥？

3. 测土配方施肥的主要依据是什么？

4. 测土配方施肥的重要作用是什么？

第四章　辣椒露地栽培技术

1. 掌握辣椒栽培的主要技术环节和主要内容，辣椒成熟的概念，成熟采收的分类标准和采收的方法。
2. 理解辣椒栽培品种选择的市场原则，了解辣椒栽培的发展趋势。
3. 了解辣椒培育壮苗的重要性、辣椒成熟采收的时间及方法。

第一节　品种的选择

一、选择原则

选用抗病虫、抗逆能力强，优质、高产、商品性好，对农药和硝酸盐富集能力低，并与栽培季节及栽培方式相适应的通过审（认）定的适宜本区域种植的有市场优势和品牌效益的优质高产高效辣椒品种。

二、品种选择实例

在贵州遵义种植干辣椒，应先选择适宜作为油辣椒的品种，同时应保持遵义辣椒的特色（皮薄肉厚，香辣适中，干物质高，适宜干燥，抗逆性强，产量高）的朝天椒品种，如遵辣1号～遵辣6号等系列品种，其中遵椒1号～遵椒3号是适宜加工的干辣椒品种；在云南丘白县种植辣椒，应先选择当地有市场优势的本地地方优良品种丘白辣椒类型；在河北冀州种植辣椒，一般应选择适宜本地生长和有市场优势的天鹰椒系列品种；河南柘城县种植辣椒，选择在当地有优势的三樱椒系列品种比较好；在新疆沙湾县种植辣椒应选择在当地生长好，产量高，品质优，有市场的新线4号、8819、益都红、牛角王等；在广西南丹种植辣椒，应选择适宜当地气候和有市场优势的长角椒系列品种。在城郊蔬菜生产区应该选择适宜当地消费习惯、有市场的早熟品种，这样生产效益才高。离城不远，春季温度上升快的丘陵山区也应以早熟栽培为主，利用朝南向阳的山坡地种辣椒，一般比近郊早上市，同样可取得较高的经济效益；远郊应以中晚熟栽培为主。在辣椒企业基地种植辣椒，就应该选择符合企业要求特性的辣椒品种，如生产豆瓣酱需要专用辣椒品种如长线辣椒类；生产泡椒也需要专用品种如小米辣、单身理想1号、川农泡椒一号、湄江明珠等；生产盐渍辣椒需要皮薄肉厚的辣椒品种等。

第二节 培育壮苗

一、壮苗的重要性

农谚说得好："苗好五成收。"培育适龄的壮苗是辣椒丰产、稳产的基础。壮苗定植后缓苗快，抵抗外界不良环境能力强，不易染病，不仅利于早熟[①]，且能促进辣椒发棵，减轻辣椒病害的发生，为丰收打下基础。培育壮苗还可以使露地栽培获得较高的产量。辣椒种植时除了选用抗病高产的优良品种之外，还要根据辣椒生育期的长短，使其在无霜期内充分发挥它的生产优势，增加辣椒的产量。辣椒一般从播种到开花需80多天。如果在露地，幼苗生长就占去无霜期的很长时间，缩短了果实的生产季节，必然减少辣椒产量。而在有霜期间利用设施场所提早育苗，使辣椒从播种到初花期在设施条件下度过，到终霜结束时再定植于露地，有效地延长了辣椒的生产时间，显著增加了产量。壮苗一般具有茎粗、节短、叶厚、色深、根系发达的特征。从外部形态来看，壮苗的根色为白色，主根粗壮，须根多，茎短粗。10~12片真叶的幼苗，从子叶部位到茎基部约2 cm，整个株高18~20 cm，子叶部位茎粗0.3~0.4 cm，茎表绿色，有韧性，子叶保留绿色，叶片大而肥厚，颜色浓绿，叶柄长度适中，茎叶及根系无病虫害，无病斑，无伤痕。早熟品种可看到生长点顶部位分化的细小绿色花芽、花蕾。

徒长苗的根须少，茎细长柔弱，子叶脱落早，叶片大而薄，颜色淡绿，叶柄较长；老化苗根系老化，新根少而短，颜色暗，茎细而硬，株矮节短，叶片小而厚，颜色深，暗绿，硬脆，无韧性。

二、育苗设施

辣椒育苗设施主要有温室（日光温室和加温温室）、塑料小拱棚、改良阳畦、阴棚、电脑控制全自动智能温室等，提倡采用漂浮盘、穴盘、营养钵、纸袋等护根措施育苗。具体的育苗设施应该根据当地的自然环境和社会经济条件选择。

三、营养基质和营养泥的配制

营养基质和营养泥的材料以菜园土或塘泥、充分腐熟的厩肥或沤制的粪草堆肥，或草炭土或森林腐殖土为主体，配合以腐熟的猪肥、鸡粪、兔粪、蚕粪、草木灰、钾肥、过磷酸钙、尿素等，采用石灰调节酸度。土质黏重者可掺沙子或锯木屑使土质疏松，土质太疏松者可掺新土、塘泥或鲜牛粪来增强黏性。培养土中各种材料的配合比例，要因地制宜地就地取材选配，不能千篇一律。腐熟有机肥与土壤的比例，按体积计为：一般园土7份，腐熟有机肥3份，1 m³营养基质可配以腐熟鸡粪25 kg左右，尿素0.25 kg，草木灰15 kg或硫酸钾

---

① 据报道，辣椒中下部的花芽在苗期已分化完成，所以培育粗壮苗，对花芽分化质量、提前开花结果十分重要。

0.25 kg（注意调节土壤酸碱度为中性），在经济条件允许的条件下可以直接购买商品基质。营养土苗床一般做成 10 cm 厚即可。最好在秋季整地做苗床，这样可以提高秋田土壤的熟化效果，增强土壤养分的释放能力和保水性，减轻辣椒苗期病虫的危害程度。

四、苗场选择

苗场应地势平坦，地形开阔，背风向阳，四周无高大树木、建筑物或山冈遮阴，地下水位较低，有电源和洁净水源；周围无有害气体，无大量扬尘；交通便利，方便管理；最好选择 3 年来没有种植过茄科作物（番茄、辣椒、烤烟、茄子、马铃薯、人参果等）的地块作苗床，并彻底清除苗场四周的杂草。

五、种子处理与播种

播种时间因苗龄、移植地区、移植茬口和栽植时间而定。一般春播育苗的时间在 2 月上旬至 3 月上旬，原则上是宜早不宜迟。

播种前选晴天晒种，晒种可提高种子发芽率，增强发芽势，还可杀死种子表面的部分病菌，减少辣椒病害的发生。应在晴天将种子放在布上晒 2~3 天，要均匀摊薄、勤翻。用清水或盐水进行选种，这样选出的辣椒种子均匀饱满，发芽势强，生长强壮，发芽分化早，易成壮苗。

温汤浸种前应将种子在冷水中预浸 2~3 小时，然后用 55 ℃~60 ℃（2 份开水兑 1 份冷水）搅拌浸泡种子 10~15 分钟，可防辣椒疫病、炭疽病、疮痂病、菌核病等；或将种子在冷水中预浸 10~12 小时，再用 1% 硫酸铜溶液浸种 5 分钟，或 72.2% 普力克水剂 800 倍液浸种 30 分钟，可防疫病和炭疽病等，浸种后需将种子冲洗并晾干；或用 10% 磷酸钠溶液浸种 20~30 分钟或 1 000 倍高锰酸钾浸种 10 分钟，可防病毒病；冷却后浸泡 5~6 小时，放入 1 000 倍多菌灵液中浸 30 分钟消毒，可防多种病害。种子消毒后用清水洗净，然后放在 28 ℃~30 ℃的环境中催芽，待 70% 种子露白（芽太长极易造成断芽，增加病菌侵染的机会）时即可播种，提倡消毒浸种，不催芽直接播种（包衣种子则直接播种）。播种前浇足底水，待水完全渗下后，再用 50% 多菌灵 800 倍液喷洒消毒，可防苗期病害。之后覆一层细土，把发芽的种子均匀撒在上面，然后覆土 5 mm，及时盖地膜，以增温保湿，促使早出苗。在 70% 种子出苗后及时撤去地膜，待全部出苗时再覆土 5 mm。

六、苗床管理

苗床管理的主要内容为苗期的温湿度管理。出苗前必须盖严农膜严格保温，促进种子的萌发，但如果遇到大晴天，中午时段（10：00~16：00）棚内温度会骤增到 35 ℃，应及时揭开棚的两端进行通风排湿，降低温度。

出苗后，同样采取出苗前的管理，预防低温造成椒苗冷害的发生，当日均温大于 14 ℃，打开棚的两端通风。通风孔高约 50 cm、宽约 50 cm。苗中后期，温度高于 30 ℃时，要揭开膜两头和两侧加强通风，防止高温烧苗，后期应加大通风量，夜覆昼揭，阴覆晴揭。若椒苗缺肥，可适量喷洒肥水。

七、间苗与分苗

间苗：撒播苗床，当幼苗有 2 片真叶时疏苗，当幼苗有 3~4 片真叶时定苗。按 3 cm × 3 cm 留一棵苗，结合间苗、定苗拔除床内杂草，并用 50% 多菌灵 800 倍液喷洒防病。用吡虫啉防蚜虫，可切断辣椒病毒病的传染链。一般间苗分 2~3 次进行。当幼苗有 5~6 片真叶时，按苗距 3 cm 定苗；划格点播苗床（或漂浮盘、穴盘、营养钵、纸袋）在幼苗有 3~4 片真叶时拔除多余幼苗，每格留健壮苗杂交种 1 株，常规种 2 株。

分苗（需要进行假植育苗的）：当长至 2~3 片真叶时，幼苗生长旺盛，进入花芽分化的前期，如不及时分苗极易造成徒长，延迟花芽分化。分苗后要保持温度和湿度，加速根系伤口愈合。

假植床幼苗管理一般应该做到如下几点：

1. 缓苗期

假植后，幼苗根系受到一定程度的损伤，为了促进根系恢复，应适当提高棚内温度和湿度，力求地温保持在 18 ℃~20 ℃，气温白天保持在 25 ℃~30 ℃，夜温为 20 ℃，相对湿度在 85% 以上。采取的主要措施是加强覆盖，闷棚 2~3 天，基本不通风。当翻开土层，老根上发生白色绒毛时，即可白天揭开薄膜通风见光，晚上覆盖薄膜防霜冻。揭膜应逐渐进行，不可突然全部揭开，也不可逆着风向揭膜。

2. 旺盛生长期

旺盛生长期主要是为幼苗提供适宜的温度、较强的光照、充足的水分和养分。为防止徒长，此期内温度可比缓苗期略低，一般气温可降低 4 ℃~5 ℃，地温可降低 2 ℃左右，即白天气温为 20 ℃~25 ℃，地温为 16 ℃~18 ℃；夜间气温为 15 ℃~16 ℃，地温为 13 ℃~14 ℃。冬春育苗，湿度较高，晴天要加大通风量和延长通风时间，做到早揭膜、晚盖膜，阴雨天也要抓住停雨时候通风见光 3~4 小时。在晴天中午适当施肥、浇水，浇水量不宜多，以湿透根系所在的土层为宜。阴雨天床土不太干时一般不浇水；后期温度高，幼苗叶片大，蒸发量大，可加大浇水量。浇水宜在 9：00~10：00 和 16：00~17：00 进行，不在中午高温时浇水。此期可结合浇水追肥 2~3 次，一般以施充分腐熟发酵的人畜粪尿，稀释 10 倍为好，使用前滤去渣；也可追施 0.2% 左右的氮、磷、钾复合肥，浓度不可过高，否则易烧苗。结合浇水施肥，还应进行 2~3 次中耕除草。若发现土表板结，应及时松土。

3. 幼苗易出现的问题及解决办法

幼苗生长过程受到过分抑制时，常成为僵苗。防止幼苗僵化的措施，主要是控制幼苗生长适宜的温度和水分条件，促使幼苗正常生长；对于已僵化的幼苗，除了采取提高床温、适当浇水等措施外，还可喷 0.001%~0.002% 赤霉素，用药量约为 100 g/m^2，喷后约 7 天开始见效，有显著刺激生长的作用。还有，幼苗徒长也是辣椒育苗期间较常见的现象。其主要原因是光照不足、温度过高和湿度过大。防止幼苗徒长的措施是降低温度和湿度，如果发现有徒长苗，应适当控制浇水，降低温度。苗期可喷 0.002% ~ 0.005% 矮壮素，用药量约为 1 kg/m²。用药后 10 天左右就可观察到叶变浓绿，茎变粗壮，抗性增加。药液有效期约为 30 天。

八、炼苗

炼苗（或称蹲苗）是在定植前一个星期进行幼苗锻炼。定植前 5 ~ 7 天不论日夜都要将塑料膜或盖窗揭开，使幼苗适应露地的生态环境。但温度的降低应逐步进行，不可突然降低过多。若幼苗出现徒长或生长过快，外界温度又高时，可通过适当控水，阻止幼苗过旺生长。因此在定植前 2 周应加大通风量和延长通风时间，甚至白天全部揭开塑料膜或盖窗，只是晚上为防霜冻，仍将塑料膜或盖窗盖上。揭膜、控水、控肥炼苗 2 ~ 3 次，以椒苗中午萎蔫、早晚能恢复为宜。移植前两天停止炼苗，把苗盘放入营养池内或让苗充分吸足水肥，再移植到大田。

九、漂浮育苗技术

漂浮育苗有利于管理，使出苗整齐，容易培育出壮苗。漂浮育苗在育苗棚内进行，减轻了不良环境对椒苗的影响，育出的辣椒苗具有苗齐、苗均、苗壮的特点，便于集约化育苗。漂浮育苗移植方便，移植工作效率高而且易学、易管理、易操作。

1. 苗场选择

苗场选择的内容同本章第二节"四、苗场选择"。

2. 营养池、育苗池的建造

（1）小漂浮盘（51.3 cm×32.5 cm×6 cm），设计标准（16 穴 ×10 穴）。各部分尺寸如下：

育苗池的尺寸（内空）为：长 11.5 m，宽 1.6 m，埂高 11 cm，中间走道宽 50 cm（与埂面持平），外侧埂宽 12 cm。底膜规格为：长 12 m，宽 2 m，厚度 60 mm，每棚内布置育苗池两厢，可育漂浮苗 210 盘，供大田移植面积 10 亩左右。

拱架的尺寸为：长 12 m、底宽 4.2 m，高 1.8 m。盖膜规格为：长 16.3 m，宽 8 m，厚度 120 mm。材料为：支撑的骨架选用竹竿、竹条。

池埂：用空心砖（12 cm×24 cm×11 cm）做成，池埂做好后，将池底整平。

（2）大漂浮盘（56.7 cm×35.7 cm×6 cm），设计标准（16 穴 ×10 穴）。各部分尺寸如下：

育苗池的尺寸（内空）为：长 12.7 m，宽 1.72 m，埂高 11cm，中间走道宽 50 cm（与埂面持平），外侧埂宽 12cm。底膜规格为：长 13.1 m，宽 2.5 m，厚度 60 mm，每棚内布置育苗池两厢，可育漂浮苗 210 盘，供大田移植面积 10 亩左右。

拱架的尺寸为：长 13 m，底宽 4.5 m，高 1.8 m。盖膜规格为：长 17.3 m，宽 8 m，厚度 120 mm。

（3）根据漂浮盘育苗的规格直接在大棚温室中建育苗池。

3. 添加池水

育苗池于播种前一天灌入清洁、无污染的水，pH 为 6.0 ~ 7.5（禁用不洁塘水）。第一次加水 5 ~ 6 cm 深，当椒苗出现真叶后，将育苗池内水加至 8 ~ 10 cm 深，如果出现漏水跑肥现象，则及时加水补肥，水面不能暴露在阳光下，以防藻类滋生。

4. 育苗盘的消毒

旧盘必须消毒后才能使用，消毒程序及方法为：先将旧盘洗干净后用 0.1% 硫酸铜溶液浸泡 5 分钟，再用 0.4% 漂白粉溶液漂洗（漂白粉 200 g 加水 50 kg）即可。

5. 装盘与播种

种子处理的作用主要有：消除种子的休眠，杀灭附在种子上的病虫害等。

（1）种子处理。晒种、选种、浸种消毒见本章第二节"五、种子处理与播种"。提倡消毒浸种直接播种（包衣种子不浸种直接播种）。

（2）播种时间。播种时间以 2 月上旬至 3 月上旬为宜，根据当地气候和要求选择，原则上宜早不宜迟。

（3）装盘。装盘前首先要检查漂浮盘底孔是否堵塞，有堵塞的须钻通。先在地上铺一张干净薄膜，如果基质在运输、贮存中有结块成团现象，将基质过筛一下，然后喷水调整基质湿度（调到含水量为 45% ~ 55%），达到手握成团、触之即散为宜。装盘时用直木板将基质推到盘的各角，如此操作 2 ~ 3 次，装后轻墩苗盘使基质稍紧实，但不要用手拍压基质。要使基质填装达到每一孔均匀一致，不架空、不过紧，松紧适中。

（4）播种。手工播种，每穴 1 ~ 2 粒，播种后，盘面均匀筛（撒）盖少量基质覆盖种子。

（5）漂浮盘入池。将已播种的苗盘平放入营养池中。入池 24 小时后若有种植孔不能吸水，则要将种植孔用细铁丝钻通，使基质吸水，确保种子充分吸水。

6. 施肥

（1）方法。第一次施肥将肥料溶解于桶中，直接均匀地倒入经过装水试验不漏水的育苗池中。第二次施肥同样将肥料溶解于桶中，取出漂浮盘将肥液注入池内搅匀，使营养液混合均匀，然后加清洁水至 6 ~ 8 cm 深。

（2）时间及用量。在苗盘入水前每放置一个漂浮盘加 10 g 育苗肥（专用）；第二次施肥在播种后幼苗长出 4 ~ 5 片真叶后，每个漂浮盘加 20 g 育苗肥。

（3）添加硫酸铜。在苗池里加入硫酸铜是为了防止苗内产生绿藻。在漂浮盘入池以前，先用温水将硫酸铜溶解，然后分五点施入池中搅拌均匀，硫酸铜的施用量约为 1 g/盘（商品基质中的肥料和硫酸铜已经按照比例装在包装袋中，按照说明操作即可）。

7. 苗期管理

（1）专人管理。必须由固定的专业人员实行专人管理，严禁非管理人员进入漂浮苗床。

（2）苗期的温湿度管理。出苗前必须严格保温，促进种子的萌发，但如果遇到大晴天，中午时段（10时至16时）棚内温度会骤增，湿度会变得很高，这时应揭开棚的两端进行通风排湿，从而减少绿藻的滋生。

出苗后，同样采取出苗前的管理，预防低温造成椒苗冷害的发生，当日均温大于14 ℃时，打开棚的两端通风。通风孔高约50 cm，宽约50 cm。苗期中后期，温度高于30 ℃时，要揭开膜两端和两侧以加强通风，防止高温烧苗。

（3）炼苗。

（4）病虫害防治。综合防治，预防为主。育苗棚内禁止吸烟。进行各项农事操作之前，要用肥皂水洗手，以防止病害的传播。如苗床出现病株，应及时拔除处理。着重预防苗期猝倒病、青枯病、病毒病、蚜虫等。

第三节　移植

一、移植前的准备

移植前的准备包括整地和合理施用基肥。

整地的目的是通过机械作用创造良好的土壤状态和适宜的耕层结构。选择近1~2年来未种过茄科作物的地块。由于辣椒根系弱，入土较浅，生长期长，结果多，所以最好选择地势高燥、土层深厚、排水良好、中等以上肥力的沙质壤土栽培为好，同时做好秋耕。我国长江流域为加厚土层，增加土壤蓄水性、抗旱性和抗涝能力，消灭病虫草害，一般在土壤结冻之前进行秋耕，秋耕深度一般为25~30 cm。在常年种植蔬菜的地区，在秋季结束蔬菜收获后，要及时清除残株、落叶和落果，同时结合秋耕用基肥。

合理施用基肥（底肥）是实现辣椒高产优质的关键。基肥以腐熟有机肥为主，化肥为辅。施肥量可按照平衡施肥的方法计算，一般南方有机肥用量为2 000~2 500 kg/亩，三元复合肥的用量为50~80 kg/亩。开好排水沟，超过一亩的田块不但要开好边沟，还要注意开好中沟或十字沟（特别是水稻田改旱种植辣椒的田块尤其重要），实施起垄栽培（最好覆膜移植）。特别是在我国北部及西北地区，土壤偏碱，强调结合春耕和秋耕大量施用圈肥、堆肥和塘泥，以改良土壤结构，提高蓄水保肥能力。基肥是为整个辣椒的生长季节打基础的，所以，要以长效的农家肥为主，以化肥为辅。但这些肥料必须经过充分的堆置腐熟，否则易伤根。施肥量根据土壤情况灵活掌握。有条件的地方，老菜田（菜园土）可以施入圈肥、堆肥和塘泥5 000 kg/亩左右，新菜田施入13 000 kg/亩左右。秋耕时，施入70%；春耕时，施入25%；同时，每亩加入50 kg过磷酸钙和10~15 kg尿素。一般可以每120 cm包沟开厢，垄高20~25 cm，沟宽30~40 cm，两边成缓坡状的圆头高垄，间距30~50 cm。雨水多、土地湿时，垄可做得高些；反之，可做得低些。做垄时，要精心平整，地平土细。垄做好后，最好立即覆盖地膜，防止水分散失。先将地膜一端埋入地下，再把两边埋入土中，膜要拉紧，边要封严。

二、移植方法

移植时间一般在 4 月下旬至 5 月上旬，在 120 cm 包沟开厢的厢上移植两行辣椒，拉绳定距，宽窄行垄栽；或者采用机械化打窝，行距 33 ~ 40 cm，窝距 27.8 ~ 31.0 cm，3 500 ~ 4 000 窝/亩，常规品种每窝 2 株，杂交种每窝 1 株。定植多选在晴朗无风的天气进行，一般在做好垄后（覆膜后）第二天进行。宽窄行垄栽，既有利于植株提早封垄，也有利于通风透光，还便于田间操作。定植打穴时，用打穴器按所确定的株行距打深为 10 cm 的圆柱形定植穴。打孔器是一段长 10 cm、直径 8 cm 的铁筒，带长约 1 m 的手柄，下部带有脚踏板。覆膜后，将打孔器对准所选择的位置，用脚踩下，打孔器会切下等口径的（实施地膜覆盖的田块）地膜，拔出时会带出膜下泥土，形成定植穴。如苗坨（漂浮育苗可以直接移植在孔中）在自制的塑料薄膜营养钵或纸钵中，可用剪刀将纸或薄膜剪开，取出苗坨。

辣椒的定植期因气候不同而异，原则是当地晚霜过后及早定植，10 cm 深处土壤温度稳定在 15 ℃左右即可定植。这样可使辣椒在高温干旱季节到来之前充分生长发育，为开花结果打下基础。定植密度也与品种有关。株形较紧凑的中、早型品种，其株幅小，定植密度应适当加大。一些大型晚熟品质品种，特别是一代杂种，其生长期长，植株生长势强，株幅大，定植密度应适当缩小。一些地区，夏季酷热时间短，辣椒可安全越夏，采收期长，为避免发生病害和拥挤现象，应适当降低密度。不进行越夏栽培的地区，辣椒采收期为 40 ~ 45 天，密度应适当加大。定植时，要再一次对幼苗进行选择，剔除散坨苗（带泥少）、病苗、弱苗。定植后立即浇定植水，以浸润苗坨为宜。

第四节　移植后的施肥与管理

一、追肥

在施足有机底肥的基础上，要根据辣椒各个不同生育阶段对养分的需求，科学地补给追肥，才能保证辣椒稳长、不早衰，达到高产的目的。俗话说得好："追肥施得巧，花果挂得好；追肥施不当，费力不讨好。"针对干辣椒生长发育的特点，其施肥措施如下：

1. 及时追施苗肥

辣椒在肥力不足的情况下，往往易形成僵苗、老化苗，开花坐果早，容易早衰，产量不高，辣椒品质低。故在缓苗后，要结合第一、第二次中耕除草，每亩追施人畜粪尿 750 kg，加尿素 10 kg 左右，使辣椒长势尽快恢复。

2. 稳施坐果肥

辣椒现蕾标志着植株生殖生长的开始，如果此期给予土壤过多的养分，辣椒植株易疯长，往往导致一、二杈坐不住果。为了克服这种现象，又促进植株分枝、开花、坐果，一般每亩施入人畜粪尿 1 000 kg。生长健壮则不必追施化学氮肥，如辣椒长势差，可每亩追尿素

5 kg 左右。

3. 重施花果肥

一般在第一台果实（2~3 cm 长时）坐稳后进行，这时辣椒植株大量开花坐果，果实膨大，并又继续分枝着生花果，需要大量养分，如辣椒是采收红椒，则吸肥水时间长，故应加大施肥力度。一般每亩每次施入稀人畜粪尿 850~1 500 kg，另可加钾肥 5 kg、尿素 5~15 kg，施肥浓度不宜过大，以防干旱季节烧伤根脚，造成落花落果。粪水以三成稀为佳，无机肥可随粪水加入，也可随浇水加入。施肥时应尽量避免肥水落到植株上，以防烧叶。在坐果后可追两三次肥，第一次采收后应追肥一次（每亩追尿素 5kg 左右，下同），以后每采收 2 次追肥一次，注意一般在 7 月上中旬要施肥一次（特别是作为鲜辣椒种植时）。8 月中旬可以在施肥中每亩补施磷酸二铵 20 kg。

二、田间管理

1. 缓苗期和促根期

此阶段以营养生长为主，幼苗根系弱，工作重点是促进幼苗生长。定植水不宜过大，定植后第三天要及时中耕松土，提高地温。7 天后再浇第二水并中耕，中耕时靠近根系处浅耕，距离植株远处深耕。第二水后进入促根期。促根就是通过适当控制水分，促进根系纵深发展，提高根冠比。促根时期的长短根据辣椒品种和当地气候条件而定。早熟品种要轻促，促根时间要短；中、晚熟品种促根可稍微强一些，时间可相对延长。辣椒的开花坐果与空气的相对湿度有关，空气的相对湿度较高时，坐果率也高。因此，促根时间不宜过长，当第一台果实达到 2~3 cm 时，即可结束促根。

2. 结果前期管理

当第一台果实长到 2~3 cm 时，植株进入旺盛生长期。此时应及时浇水，同时可施尿素或一定量的稀人粪尿，这是栽培上由促进辣椒根系发育转向促进开花结果的转折点。在管理过程中，浇水、施肥要跟上，一般每 14 天浇一次水，随水施肥，每次可施尿素、钾肥、人畜粪尿。植株下部的果实要及时采收，尤其是门椒，采收可适当提前。浇水采取少量多次的方法。大雨后，及时排除田间积水。雨后天晴，还要及早喷药，防止炭疽病、疫病等病害的流行。

3. 盛果期管理

这时的浇水不仅要满足辣椒对水分的要求，还起到降低土壤温度的作用。浇水要勤，每 4~5 天浇一次，水量要小，以免影响土壤的通气性。辣椒根系怕涝，忌积水。辣椒生长盛期正是高温多雨季节，土壤营养淋湿严重，要不断施肥，一般随水施用，隔一次水施一次肥，7 月上、中旬要施一次化肥，每亩可增施尿素 3~5 kg。大雨过后，要及时浇清水，冲洗土壤，降低土温，提高土壤通气性，促进根系呼吸。同时，要在植株基部培土。培土不可过高，以 13 cm 左右为宜。培土时要防止伤根。培土后及时浇水，争取高温到来前植株封垄。在南方地区，高温季节到来前，可在垄面撒盖一层稻草或麦壳，降低温度。当植株封垄时，要用铁线或聚丙烯绳在每一行的两侧拉直，把倾倒或开张度过大的枝条架起，使之呈环状开张，充分接受光照，改善株间通风条件，加大立体结果数量。

4. 结果后期的管理

露地覆盖地膜使辣椒度过炎热的夏季以后，辣椒植株逐渐繁茂起来，开花增多，坐果率显著提高。采收后期是辣椒形成第二次产量高峰的时期。需要每隔 7~8 天浇一次水，并随水施入两三次肥。处暑季节，随着浇水，补追肥磷酸二铵；白露时节，随着浇水施入稀人畜粪尿；秋分时节，随着浇水，追施稀人畜粪尿。每次追肥后，3~4 天要再浇一次清水。进入采收期后期，要及时摘除辣椒下部的枯黄叶片，去掉内层的徒长枝或过旺枝，以利通风透光。此时田间操作要小心，不要碰断了果枝。另外作为鲜辣椒种植的，可以对结果枝进行更新，降低结果部位，即在四面斗椒的下端，缩剪侧枝，每株留四个分杈，剪后追肥浇水，促发新枝。此外，还要随时保持田间无杂草。

第五节　成熟采收

一、成熟期的确定

我们通常把辣椒的成熟分为商品性成熟与生理性成熟。

商品性成熟是指辣椒果实为青色、果变红或者变白变硬（泡椒）时采收的辣椒，也就是说可以用作商品使用时采收的辣椒，这一时期称为辣椒的商品性成熟期。这一时期采收的辣椒大多作为商品使用，用作鲜食的辣椒。

生理性成熟是指辣椒果实发育完全，即辣椒种子完全成熟。果皮全部变成深红色或黄色（如海南的黄灯笼）是生理成熟的标志。生理性成熟时采收的辣椒通常用作种子或者干辣椒使用。

二、采收的标准

根据辣椒不同的加工用途有不同的采收标准。

1. 用作鲜食的辣椒采收标准

果实长到品种应有的长度和粗度，果色嫩绿至暗绿，果皮变硬，果实还未转色，手感硬度较好，用手按压果面，表现出比较强的弹性（图 4-1）；果皮变亮，有光泽。采收时期一般为末熟期的后期和绿熟期。采收过早，果实娇嫩，容易被挤压变形，同时失水较快，容易脱水，发生皱皮，不宜贮运。另外，果实采收过早，重量轻，产量也低。采收过晚，果实变色，外观性状变差，同时肉质硬度和脆度下降，口感变软，风味变甜，食用性变差，商品性状变劣。此期采收的果实，其贮藏性也差。

2. 用作泡椒的采收标准

用作泡椒的采收标准为：果实刚刚成熟时采收，即果实转色、手感硬度好时采收（图 4-2）。

图 4 - 1　用作鲜食辣椒的采收标准

3. 用作辣椒酱的采收标准

用作辣椒酱的采收标准为：果蒂变红，但辣椒果不变软时采收（图 4 - 3）。

图 4 - 2　用作泡椒的采收标准

图 4 - 3　用作辣椒酱的采收标准

4. 用作盐渍椒的采收标准

用作盐渍椒的采收标准为：果实膨大、果皮深绿色、果实表面出现较多裂纹。按照要求有些品种也需要红熟才能采收（图 4 - 4）。

图 4 - 4　用作盐渍椒的采收标准

5. 用作干辣椒的采收标准

用作干辣椒的采收标准为：果实要充分成熟时方可采收（图 4 - 5），即果实色泽深红、果皮皱缩、触之椒角发软方可采收（如遵辣 1 号、遵辣 2 号、遵椒 2 号等）。

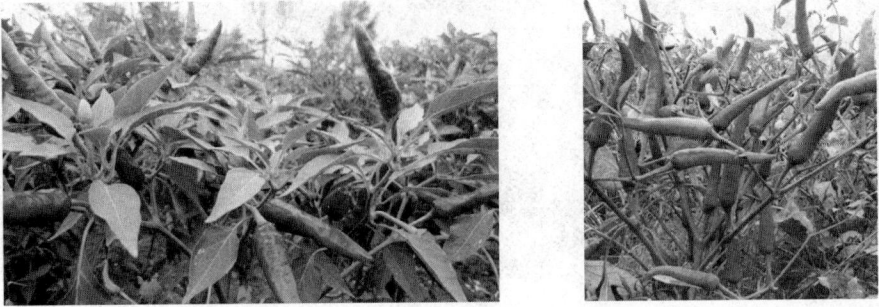

图4-5　用作干辣椒的采收标准

6. 用作辣椒种子的采收标准

用作辣椒种子的采收标准为：辣椒果皮全部变成深红色，这是辣椒种子生理成熟的标志，此时即可采种果（图4-6）。

图4-6　用作辣椒种子的采收标准

三、采收的时间

采摘辣椒一般应在晴天的早晨或傍晚，气温和菜温较低时进行。一天中，以10：00时前采收为宜，此时的温度低，田间热量在果实中积累少。如用土窖贮藏，采后应放阴凉处一昼夜，作为预冷时期。雨天、雾天或烈日曝晒天不宜采收，否则容易造成腐烂。

四、采收的方法

辣椒成熟后的采收要注意两点：一是要及时采收。对红熟果实若不及时采收，不但影响植株继续结果，而且果实成熟后如遇阴雨天气，辣椒会出现开裂、炸皮、霉变，因此应及时采收。红熟一批采收一批，并连同果柄一起摘下，及时挑选和晾晒。二是要分批采收。不同类型的辣椒品种从开花到果实生理成熟的天数为50~65天。植株上的果实陆续成熟，所以要分批采收。具体的采收方法如下：

（1）辣椒果柄比较粗硬的，要用剪子或刀片将果柄剪断或切断，不要生硬扭拽。

（2）下部果实要早采，防止坠秧，中上部果实数量多时，营养争夺严重，应勤采。

（3）要带果柄采收。带果柄采收的主要目的是保鲜和防病。采收适宜的果柄长度为1 cm左右。

（4）要等果面上的露珠消失后采收果实。如果果实带水珠采收，则在贮运过程中容易生病烂果。

（5）采收下来的果实，大小果要分别存放。

五、采收时应注意的问题

商品椒采收时应选择充分膨大、果肉厚而坚硬、果面有光泽、健壮的绿熟果或红果，泡椒应在果皮颜色变白或变红色、手感硬度较好时采收。采摘后要及时剔除病、虫、伤果，因为这些伤果极易腐烂并会传染给其他好果。采收时要从果柄由细变粗的半柄处剪下，半柄会大大减轻由果柄导致的果实腐烂。采收要卫生、精细，避免摔、砸、压、碰撞以及因扭摘用力造成的损伤。要选择连续晴天的日子采收，采收辣椒宜在晴天早上进行，中午水分蒸发多，果柄不易脱落；雨天也不宜采收，采摘后伤口不易愈合，病菌易从伤口侵入引起发病。秋收果要在霜前收获，受霜冻或冷害的辣椒不能贮藏或长途运输。

复习思考题

一、填空题

1. 选用抗病虫、抗逆能力强，优质、高产、商品性好，对农药和硝酸盐富集能力低，并与栽培季节及栽培方式相适应的通过审（认）定的适宜本区域种植有市场优势和品牌效益的优质高产高效_____品种。

2. 壮苗一般具有茎粗、节短、叶厚、色深、_____的特征。

3. 辣椒育苗设施主要有温室（日光温室和加温温室）、_____、改良阳畦、阴棚、电脑控制全自动智能温室等，提倡采用漂浮盘、穴盘、营养钵、纸袋等护根措施育苗。

4. 温汤浸种前应将种子在冷水中预浸2～3小时，然后用55℃～60℃的水（2份开水兑1份冷水）搅拌浸泡种子10～15分钟，可防辣椒疫病、_____、疮痂病、菌核病等。

5. 撒播苗床，当幼苗有2片真叶时，_____；当幼苗有3～4片真叶时，_____。按3 cm×3 cm留一棵苗，结合间定苗拔除床内杂草，并用50%多菌灵800倍液喷洒防病，用吡虫啉防蚜虫，可切断辣椒病毒病的传染链。

6. 漂浮育苗有利于管理，使出苗整齐，容易培育出_____。漂浮育苗在育苗棚内进行，减轻了不良环境对幼苗的影响，育出的_____苗具有苗齐、苗均、苗壮的特点，便于集约化育苗。

7. 整地的目的是通过机械作用创造良好的土壤状态和适宜的耕层结构。选择近 1~2 年未种过茄科作物的地块。由于辣椒根系弱，入土较浅，生长期长，结果多，所以最好选择地势高燥、土层深厚、_____、中等以上肥力的_____土栽培为好，同时做好秋耕。

8. 辣椒在肥力不足的情况下，往往易形成僵苗、_____，开花坐果早，容易早衰，产量不高，辣椒品质低。

9. 我们通常把辣椒的成熟分为_____与生理性成熟。

10. 辣椒成熟后，要及时采收。对红熟果实若不及时采收，不但影响植株_____，同时果实成熟后如遇阴雨天气，辣椒会出现开裂、炸皮、霉变。

11. 商品椒采收时应选择_____、果肉厚而坚硬、果面有光泽、健壮的绿熟果或红果。

二、思考题

1. 请叙述辣椒培育壮苗的重要性。

2. 辣椒漂浮育苗的主要技术流程是什么？

3. 辣椒露地栽培的主要技术环节有哪些？

4. 简述辣椒成熟的概念。

5. 简述辣椒成熟采收的分类标准。

第五章　辣椒地膜覆盖栽培技术

学习目标

1. 了解国内外地膜覆盖发展的趋势。
2. 理解地膜覆盖对农业生产的重要性。
3. 掌握辣椒地膜覆盖栽培技术的重要环节。

第一节　国内外地膜覆盖发展情况

现代地膜覆盖是随着世界塑料工业的发展而兴起的。聚乙烯在英国 ICI 公司合成后，于 1939 年首先用于工业生产。早在 20 世纪 50 年代初期，一些工业发达的国家就开始把塑料薄膜用于农业。

日本是世界上最早进行塑料薄膜栽培试验研究的国家，日本对地膜覆盖栽培技术不仅研究早，而且普及快，应用作物种类多，栽培水平高，增产增收效果明显，已经成为农户不可缺少的栽培方式。1948 年日本开始在蔬菜保护地应用塑料薄膜方面开展研究，1950 年将塑料薄膜用于农业生产，1953 年开始用聚乙烯薄膜代替油纸用于蔬菜的早春覆盖栽培；1955 年在草莓生产上推广应用，并在 1956 年普及了保护地草莓地膜覆盖栽培技术；1956—1958 年确定了洋葱地膜覆盖栽培效果，并对黄瓜、番茄、甘薯、芋头等进行了试验。1960—1964 年对烟草、陆稻、甜玉米、甘蓝、豌豆、茶苗、莴苣、春白菜进行试验。1962 年普及了露地草莓、豌豆及莴苣的地膜覆盖栽培技术。1965—1967 年确定了大蒜的地膜覆盖栽培效果，并进行了花生、马铃薯的地膜覆盖试验，全面推广了水稻旱种地膜覆盖栽培技术。1968 年推广花生地膜覆盖栽培技术等。

在有色膜的研究与应用方面，日本做了很多工作，并且开发了除草膜、银色膜、绿色膜、双色膜、铝箔反光膜、避蚜膜、红外线膜，以及忌避有翅蚜的虫忌膜、黑白双面膜、银黑双面膜等覆盖新材料。除黑色地膜被大量用于生产外，蓝色地膜也被用于水稻育秧。据日本鸟取大学旱地研究中心学者稻田胜美介绍，用蓝色膜进行水稻育秧比透明膜有以下优点：①蓝色膜育秧，干物质及碳水化合物含量高，但其增加值随薄膜颜色浓度增加而降低；②秧苗叶绿素、氮索、磷酸的含量增加，可防止秧苗发生黄化现象；③秧苗插秧后分蘖数提高 10% ~20%；④田间禾苗干物重增加，对寒冷地区水稻生产可起到稳产高产作用。水稻育秧薄膜以挑选透光率为 70% 的为最好。蓝色膜覆盖在叶菜类及根菜类上面效果也好，如小蔓菁在蓝色膜小拱棚内较透明膜收获期提前，产量、品质提高。2 月份播种的"三寸"胡萝卜，覆盖蓝色膜，胡萝卜个体肥大，产量增加明显。韭菜覆盖蓝色膜也可增加产量。用黄色薄膜覆盖，可除去紫外线及青色光，但能透过绿、橙、黄、红光，使鸭儿芹、芹菜的叶柄伸长，并使鸭儿芹、芹菜及莴苣推迟抽薹，延长食用期。黄色薄膜对茶树有效。采用 50% 黄色聚乙烯薄膜带与黑色薄膜带混编织的薄膜网，当进光率为 80% ~ 85% 时，茶的产量及品质均明显提高。应当注意的是：薄膜颜色越浓透光率越低，薄膜下作物的光合作用越弱，对农业生产不利；而薄膜颜色越淡，选光性越差，利用范围及效果都有限。所以，不同作物要选择不同颜色、适当颜色浓度的薄膜，才能达到增产的目的。20 世纪 80 年代以后，日本又开发出"KO 地膜"（高强度，耐久性好，可驱避蚜虫），并推广应用。

日本为了推进地膜覆盖栽培技术的发展，1965 年成立了稻作地膜覆盖栽培研究会。1969 年该研究会改名为日本塑料薄膜地面覆盖栽培研究会，主要工作是组织各县农事试验场、高等院校、地膜生产厂家、农业改良普及所及重点农户，对地膜覆盖下环境因子变化、对作物生长发育的影响及各种作物具体的覆盖栽培技术等进行了广泛的试验与示范；从理论上深入研究了不同质量地膜的光谱对作物根系与酶的活性及光合作用的影响，不同质量地膜的反射光对蚜虫的诱避作用，以及对果实着色和品质的影响等，均取得一定成果。他们汇集了三十多年试验与科研成果，编写了《塑料薄膜地面覆盖栽培试验研究成绩录》，共五册一百五十余万字，使这项技术在日本不断得到巩固与提高。同时，日本还普及了地膜覆盖机，既有大型或中小型拖拉机牵引的覆盖机，也有适于农户应用的小型、简单、轻便、耐用的手拉覆盖机。地膜覆盖的普及，使多种农作物病虫害减轻，品质改进，熟期提前，一般增产 30% ~ 50%，甚至 1 倍以上，许多喜温作物的栽培极限北移。实践证明，这项技术在干旱缺水地区（以保水抗旱、提高地温为主）、无霜期短的低温寒冷地区（以提高地温、延长有效生育期为主）、多雨高温地区（以防涝和防止土壤养分淋溶流失为主）等广泛范围内都很适用。

美国在获得生产聚乙烯专利后，于 1943 年投入工业生厂，开始用于战争中雷达等武器的绝缘材料，20 世纪 50 年代初才在夏威夷用于农田地面覆盖。美国虽然在覆盖作物种类与面积上不及日本，但在地膜覆盖栽培技术的研究及新覆盖材料的开发方面也做了大量工作。如在覆盖材料的开发方面，研究应用了改变地面覆盖小气候和土壤条件的农田保苗覆盖膜；加入杀菌剂制成的防病杀菌膜；覆盖后能增温、保墒，破碎后可被植物吸收利用的农用聚烯烃薄膜；还有遇水能分解的纤维素材料组成的多孔性薄膜片——地面覆盖片，可保护种子及土壤不受侵蚀。在地膜覆盖栽培技术的研究方面，美国学者艾希礼（D. A. Ashley）用黑色地膜覆盖地面，打孔播种棉花，研究了棉花的生育情况。美国密执安大学卡洛斯（Claolus, R. L）发表的《黑色聚乙烯覆盖对暖季蔬菜的影响》一文指出：对直播或移植的暖季蔬菜，用黑色聚乙烯膜覆盖 8 年的试验结果表明，用黑色聚乙烯膜覆盖能显著增加植株早期生长，提高早期产量和总产量。增产的多少，因不同的作物和品种有所不同：甜瓜和黄瓜较番茄及甜椒敏感；夏播西葫芦的早期产量，覆盖处理高于对照 180%；在冷凉季节地膜覆盖的"伯比杂种"甜瓜较对照增产 85%；"蜜石"甜瓜在地膜覆盖下加灌溉，早期产量增加 78%；"火球"番茄在地膜覆盖下加灌溉，较对照增产 169%。黑色聚乙烯膜的价格不高，有耐久性，防除杂草，节省人力，对提高产量及品质有效，所以它的利用一定会越来越广泛。美国俄亥俄州农业研究和发展中心的植物学家在冬季温室中用能反射光的雪白色聚乙烯薄膜覆盖地面栽培番茄，使番茄叶片吸收较多的反射光，比直接射到地面的热量多，番茄获得高产，单株产量为 7.85 kg，而对照仅为 6.75 kg。美国加利福尼亚州是草莓集中产区，每公顷平均产量达 104 t，广泛用地膜（黑色膜或白黑双面膜）作带状覆盖；夏威夷州在建菠萝园时，常先覆盖黑色膜，然后打孔栽植，有明显的灭草与增产效果，在缺水干旱地区效果更为显著。美国学者荷克马斯（G. J. Hocnmuth）等研究了黑色地膜覆盖和垄作对美国北方地区甘薯生长和薯块增产的效应，并指出：美国的甘薯生产多半集中在南方地区，特别是新泽西州至佐治亚州的大西洋沿岸地区，北方地区如新英格兰（美国东北部六州）很难具备栽培甘薯的条件。试验采用"宝石"甘薯，实施黑色地膜加垄作的方法。试验结果为植株生长量增加，叶面积、叶片数及叶蔓总干重都显著高于对照值株，商品薯块最高每公顷产量达 18.6 t，一级及特级薯块明显增加。研究证明，北方地区提高甘薯单产是大有潜力的。

地膜覆盖栽培技术原仅限于半干旱地区应用，但目前在欧洲水源丰富的地中海沿岸国家也大量采用。法国 1961 年在东部对数百平方米的黄瓜采用地膜覆盖栽培技术，十年后就发展到 2 500 hm²，作物种类有黄瓜、甜瓜、番茄、草莓、莴苣、葡萄、石刁伯等。意大利 1965 年才开始对主要蔬菜、草莓、菠萝、烟草、咖啡等价值较高的经济作物应用地膜覆盖栽培技术。英国的研究表明用塑料薄膜覆盖马铃薯，可使马铃薯早熟 7～14 天，每公顷增产 6～7 t。现在英国推广的有带孔膜、光解膜和黑色膜三种地膜。苏联曾在低温干旱的早春季节进行小面积的覆盖，主要是提高地温，保持水分。据试验，草莓覆盖黑色地膜，植株发育提早 4～6 天，叶面积及葡萄茎数、坐果率及产量都比对照增加，果实与土壤接触少，灰腐病发病率低，有明显的经济效果。另据试验，草莓坐果率可提高 11.4%～83.7%，产量增加 37.3～39.6%。如能加盖塑料小拱棚，效果更好，可使棚内温度提高 3 ℃～9.3 ℃，相对湿度增加 20%～30%，坐果率提高 26.5%～78.4%，增产 67.5%～78.9%。

法国、德国试验并推广了光降解地膜，主要用于种子玉米（非饲料整株收获的玉米），使发芽、抽穗期提早 8～9 天，收获期提早 10～12 天，每公顷平均增产 1.8～2.2 t。光降解地膜的作用主要在于稳产，特别是遇到干旱和不良气候条件时，能确保稳产高产。目前以色列使用光降解地膜的数量很大，目的在于节省劳动力。据介绍，德国研究的催化剂有三十多种，目前有两种已经用生产。光降解地膜一般经 80～90 天可自行降解成树叶大小的碎片，再经一个冬春后，可全部分解成水及二氧化碳，对土壤及作物无不良影响。丹麦、瑞典也将光降解地膜应用于黄瓜栽培，收到良好效果，目前开始在棉花上进行试验。法国、德国均有专门的工厂生产光降解地膜。

瑞士制造的裂缝薄膜是非降解膜，在英国主要用于马铃薯、鳞茎作物及蔬菜类，厚度为

45 μm，每平方米有 33 000 个纵向裂缝，它像一个很细的网盖在作物上，横向有很大的伸缩性，作物可自由生长。黑色裂缝薄膜适用于草莓及矮生水果。

另外，西欧还有一种有孔地膜，是直接盖于播种地面或作物上面的浮动薄膜，发展十分迅速。这种膜厚度为 50 μm，开孔率分别为每平方米 500 孔、750 孔及 1 000 孔三种。浮动膜越宽越好，一般宽 10 m，长达 100 m，孔数多少根据地区气候选择，寒冷地区宜选择少孔浮动膜。浮动膜的特点在于有孔，因而不怕风吹，松散地盖于作物表面，不需支撑物；随作物生长，作物本身即可把此膜撑起，其作用介于低拱棚及地膜覆盖之间。在覆盖 5 ~ 7 周后揭开。膜内含防老剂，可使用 3 年，主要用于马铃薯、萝卜等。

地膜覆盖栽培技术的推广与应用，近些年来有较快发展。保加利亚在营养液栽培上用乳白色地膜覆盖，在草莓上用黑色地膜覆盖，每 3 年更换一次；摩洛哥、阿尔及利亚等在商品菜园中应用地膜覆盖的面积不断增加；荷兰纽斯试验站对一年生矮化砧苹果苗木用黑色膜覆盖与生草法做比较，经数年后看出，经黑色薄膜处理的营养生长旺盛，产量提高 1.5 倍，并且土壤结构好，根系粗壮，有多层分枝根及小根，并能防霜害和控制杂草，大大节约了劳力及成本。葡萄牙在幼龄梨树上试验，地膜覆盖使幼树围径周长增加 48%。西班牙用地膜覆盖保护老果园中新定植的柑橘幼树效果好，不仅可保湿、防杂草，而且在老幼相混的柑橘园内能避免因耕作及除草对幼树的伤害。突尼斯的柑橘园夏天覆盖黑色地膜，既能防除杂草，又能节约 30% 的灌水量，产量提高 50%。佛得角群岛地膜覆盖香蕉，可节约灌水量。

据国际农用塑料委员会介绍，其成员国每年要有一百余万吨塑料树脂用于农业生产（不包括包装材料），其中用于薄膜生产的占 70% ~ 80%。在现代农业的发展中塑料制品正起着越来越重要的作用。

透明地膜一般以聚乙烯树脂做原料，只用于那些以提高作物栽培地温为主的地区，如玉米、甜瓜等，但在覆膜前必须喷除草剂；黑色膜是西欧采用的主要品种，因成本低廉，可以灭草，节省用工（可用聚乙烯回收料再加工，含炭黑 1% ~ 4%）。黑色膜厚度为 15 ~ 80 μm，最厚达 150 μm，薄的主要用于草莓，厚的用于果树，可达 2 ~ 4 年之久。大棚内大部分进行地膜覆盖。除保墒增温外，主要是降湿防病，使棚顶无水滴，栽种的莴苣每平方米可增加 4 株，增产 20%，棚内地膜可连续使用 6 年以上。

现代地膜覆盖栽培的研究推广工作在我国进行得虽然比较晚，但我国却是世界上采用覆盖栽培技术最早的国家之一。早在公元六世纪中叶，我国古农书《齐民要术》中就有用草覆盖蔬菜的记载。宋朝《临安志》一书有冬季用草覆盖生产黄芽白菜的记载。三百多年前的《农政全书》中有用马粪、灰粪覆盖栽培韭黄、蒜黄的记载。这些古老的传统覆盖栽培技术有许多流传至今，在生产中继续应用。例如，甘肃省在地面铺沙或卵石生产西瓜，北京市覆盖麦糠、麦秸生产三色韭菜。北方各省的菜农经常用细土、马粪、落叶、麦糠、秸秆等覆盖越冬叶用蔬菜，第二年春天可以提早上市；早春定植的瓜菜为了防霜，用瓦盆、瓦片、泥钵、纸帽、鸡毛等覆盖幼苗，都属于地面覆盖栽培的范围。因此，从这个意义上说，地膜覆盖栽培既是一项新的农业技术措施，也是农业生产中的一项重大技术改革，同时又是传统地膜覆盖技术的发展与提高，是传统农业技术与现代农业技术的结合。

我国石油化工工业起步较晚，20世纪50年代末和60年代初，在北京、上海、天津等大城市才开始用塑料薄膜小拱棚覆盖蔬菜，进行早熟栽培。南方一些地方用薄膜覆盖进行水稻育秧。1966年长春市出现了我国第一栋塑料大棚。20世纪70年代塑料大棚栽培迅速发展，东北、西北、华北各省、市、区发展尤为迅速。1978年全国已有大棚8万亩以上。随着塑料大棚及中、小拱棚的发展，用部分废旧薄膜代替其他覆盖材料进行地面覆盖试验，取得了很好的技术与经济效果。

天津市农业科学院蔬菜研究所结合小拱棚覆盖进行透明膜地面覆盖栽培文上刺瓜的试验，增产效果好，产品品质好。佳木斯市、上海市、北京市等地也做过类似的试验，但这项技术一直未能在生产上大面积推广，只停留在小面积试验阶段，不少地方甚至终止了试验。这主要是因为大棚薄膜厚度为0.1 mm，与土壤密贴性差，因而保温、保水的效果也较差；而且每亩用量达100 kg，成本昂贵，没有经济效益；如果利用废旧棚膜覆盖，则透光性与完整性较差；加之薄膜的来源有限，不能大量提供。直到1978年，地膜覆盖栽培作为一整套技术（包括农艺方法、专用地膜及可供使用的配套覆盖机械）自日本引进后，通过研究、示范，才开创了我国地膜覆盖栽培的新局面。

在我国大规模试验推广是从1979年开始的。当年在全国14个省、市、自治区的44个单位进行了以蔬菜为主的地膜覆盖试验，供试作物40余种，试验面积663亩；1980—1981年继续扩大试验示范，积累了不少成功的经验；1982年在全国逐步推广。以后地膜覆盖栽培进入大发展的阶段，推广工作取得很大成就。主要表现在：地膜覆盖面积迅速增加。全国地膜覆盖栽培面积1983年为983万亩，1984年为1 893万亩，1985年达到2 500万亩以上，超越日、美、法、英等11个国家地膜覆盖面积的总面积，我国地膜覆盖栽培面积一跃而居世界之首。

我国地膜覆盖应用范围进一步扩大。从地区来说，全国29个省、市、自治区都推广了地膜覆盖栽培。从覆盖作物种类来说，从原来只覆盖蔬菜、棉花、花生等少数经济作物扩大到多种作物。例如，东北地区的地膜覆盖水稻旱种，东北南部的地膜覆盖甘薯，内蒙古、西北地区的地膜覆盖甜菜，北方寒冷地区和南方山区的地膜覆盖玉米等，都收到很好的效果。根据各地资料，全国地膜覆盖表现增产的作物，在蔬菜方面有茄果类的茄子、辣椒、番茄、青椒；瓜类的黄瓜、冬瓜、南瓜、西葫芦；叶菜类的白菜、甘蓝、菜花、芹菜、菠菜、生菜、莴笋、茎蓝、茼蒿；根菜类的胡萝卜、萝卜、小水萝卜；豆类的菜豆、豇豆；葱蒜类的大蒜、洋葱、韭菜，还有草莓等；在生食瓜类方面有西瓜、香瓜（薄皮甜瓜）、硬皮甜瓜（河套蜜瓜、白兰瓜、哈密瓜）、籽瓜（打瓜）等；在粮食作物方面有水稻旱种、水稻育秧、玉米、高粱等；在薯类作物方面有甘薯、马铃薯、芋头；在油料作物方面有油菜、芝麻、蓖麻、花生、大豆、向日葵等；在糖料作物方面有甜菜、甘蔗、甜叶菊；在纤维作物方面有棉花、黄麻、红麻；在采种、制种方面有各种蔬菜采种，甜菜采种、无籽西瓜制种、多种作物杂交组合花期相遇等；在果树方面北方有苹果、梨、桃、葡萄覆盖，南方果树防冻，葡萄、桑、柑橘等的覆盖育苗；在药材方面有红花、枸杞、川贝母、人参、党参、黄芪；在花卉方面包括多种花卉；在烟草方面包括烤烟；在其他作物方面有小茴香、百合、石刁柏（芦笋）、啤酒花等。出现了一批增产增收典型：地膜覆盖棉花高产田亩产皮棉 150 kg 以上（一般亩产 60 kg）；地膜覆盖花生高产田亩产 500 kg 以上（一般亩产 200 ~ 300 kg）；地膜覆盖蔬菜、瓜类增产 30% ~ 50%，促早上市 5 ~ 15 天，对调剂市场淡旺季供应起到重要作用，特别是北方地区效益更显著。黑龙江省伊春市地膜覆盖蔬菜 8 万亩，增产鲜菜 1 500 万 kg，黄瓜、西葫芦、番茄提早 20 天上市。沈阳市地膜覆盖蔬菜 7 万亩，每亩平均增产 590 kg，青椒等蔬菜由供不应求转为自给有余。天津市地膜覆盖西瓜早熟高产、病害轻，提前 10 ~ 15 天成熟，6 月下旬开始供应市场，弥补了鲜果市场的空档，满足了人民对瓜果的需求。其他作物如地膜覆盖甜菜，亩产达 4 000 kg 以上；地膜覆盖玉米高产田亩产已突破 1 000 kg。与此同时，全国科研单位、大专院校与生产部门紧密配合，对地膜覆盖栽培技术进行了比较系统的研究，进一步揭示了地膜覆盖对土壤生态条件、小气候条件的影响，地膜覆盖后作物生长发育的变化及产量形成的过程等，并对地膜覆盖作物的生理生化、光合作用、叶绿素含量等进行了研究。通过地膜覆盖对 80 多种作物进行适应性的研究，已有 40 多种用于生产。在试验研究和总结生产经验的基础上，提出了各种作物地膜覆盖栽培规范化的技术措施。轻工、农机部门试制与生产出大批适合不同地区、不同作物的地膜和覆膜机具，同时地膜覆盖栽培的大面积推广，也促进了我国塑料、农机工业的发展。

第二节　辣椒地膜覆盖的作用

辣椒地膜覆盖的作用有保温、保水、保肥、防草、省工、省费、降低病虫、改善土壤结构、提高土壤微生物的活性、增加土壤有效养分、改善作物下部光照、改善田间作物小气候、增产、增效，这已经被全国许多科研单位研究证明了。

一、提高土壤温度

地球表面的热量，来自太阳的辐射。太阳辐射是一种电磁波，波长为 0.3 ~ 2.5 μm，其中波长为 0.4 ~ 0.7 μm 的是人们用肉眼能看见的部分，叫做可见光。比它短的叫紫外线，比它长的叫红外线，紫外线和红外线人的肉眼都看不见。当太阳光辐射到地球表面物体上的时候，有一部分被物体吸收，有一部分被反射，如果物体具有一定的透明度，则还有一部分太阳辐射会透过物体。

太阳辐射被地球表面的物体吸收以后，光能就转化成热能。一年当中，除赤道外，夏天太阳照射与地面的角度大，地面转化的热能多，温度就高；冬天太阳照射与地面的角度小，地面转化的热能少，温度就低，所以出现冬暖夏凉，寒来暑往。一天当中，白天有太阳辐射，晚上没有，白天中午太阳直射，温度最高，所以出现昼暖夜凉。

种植农作物的土壤是不透明的物质，太阳辐射不能透过，绝大部分被土壤吸收，还有吸收率达90%以上，一小部分被土壤反射掉。被土壤吸收的光能转化成的热能，以三种方式进行传递，即辐射、传导和对流。白天土壤上层转化的热能向下传导，晚上又向上传导。不同的物质导热率也不同。比方说，用手拿盛有相同温度热水的搪瓷碗和瓷碗，搪瓷碗就烫手，说明搪瓷的导热率比瓷高。表面土壤的导热能力比较低，就是说上下传导的热量不大。所以一天当中上层土壤温度的变化幅度比下层土壤大，下层土壤的温度要相对稳定一些。

土壤白天吸收太阳辐射转化的热量在晚上要全部释放出来。释放的主要方式是辐射。土壤辐射波的波长，与太阳辐射不同，在15℃的条件下，土壤辐射波的波长为6.25～52 μm。此外通过平行与垂直的热对流也能释放一部分土壤的热量。据国外研究，这种流热量可达净辐射量的20%～40%。了解了土壤热交换的原理，就可以进一步分析覆盖地膜（指无色透明薄膜）能够提高土壤温度的原因了。

土壤覆盖地膜以后，当太阳光辐射到地膜上时，一小部分被地膜吸收，还有一小部分被反射掉，大部分透过地膜为土壤吸收而转化成热能，土壤温度开始升高。当太阳西斜，气温下降，地温高于气温的时候，土壤开始透过地膜向空气辐射热量。但是，地膜内部挂满一层水珠，就像一道屏障挡住了土壤辐射波。据测定，土壤中波长为7～11 μm的辐射波有75%被挡住，11～52 μm的辐射波全部被挡在地膜内。这是地膜覆盖能够提高地温的一个重要原因。

地膜覆盖的土壤水分蒸发量明显要比不覆地膜的少，而水分蒸发的过程中，即由液态水变成气态水，需要吸收很多热量。每蒸发1 g水，需要消耗近600 cal（1 cal = 4.186 J）热量，如果一天1亩地蒸发1 mm厚的水，则大约需要消耗4.6万cal的热量。巴彦淖尔盟水利科学研究所测定，河套灌区黏质土壤6～8月每日平均蒸发量为1.308 mm，每亩损失热量6.02万cal。据日本农林省试验场研究，3月下旬到4月底，地膜覆盖与露地的日平均地温差（覆膜日平均地温与不覆膜日平均地温之差）（y）和露地日平均蒸发量（x）之间有密切的相关关系，并得出 $y = 0.821x + 0.389$ 的回归式。例如，在这一期间，露地日平均蒸发量为3.6 mm，代入上述回归式，即可求出地膜覆盖与露地的日平均地温差为3.3℃。就是说，覆盖地膜可增温3.3℃，由此可见，地膜覆盖减少土壤水分蒸发，也是提高地温的一个重要原因。

有地膜覆盖的土壤含水量高于无地膜覆盖的土壤，而水的热容量大于土的热容量。因此，在同样条件下，湿度大的土壤温度高于湿度小的土壤。

覆盖地膜以后，能够减少平行和垂直的热对流对土壤热量的消耗。覆盖地膜能使土壤中的二氧化碳浓度明显提高，而土壤空气中二氧化碳浓度的提高，也会使地温升高。从以上分析可以看出，地膜覆盖提高土壤温度的效果，首先与地膜的透明度有很大关系。透明度越高，太阳辐射的透射率越高，转化的热能越多，升温效果越好。反之，透明度越差，升温效果越差，如用不透明的地膜覆盖，在气温高的夏季还能降低地温。这样就可以根据生产的需要和作物本身的要求，选择不同颜色的地膜。

有人认为地膜覆盖的增温效果与地膜厚薄有密切关系。即地膜越厚，增温效果越好。从理论上讲，土壤向空气的热传导量应该是与地膜厚度成反比的，实际上较薄的地膜增温效果略差一些，但影响并不大。其原因一方面是地膜下面凝聚大量水珠，有效地阻止了土壤的热辐射；另一方面，由于空气的黏性，在地膜两面都形成一层很薄的空气层，叫做境界层，而热量散失的程度主要受境界层的影响，夹在境界层中间的地膜厚度影响并不大。

需要指出的是，地膜覆盖不仅能提高土壤温度，而且能提高近地面的气温，同时不论是白天还是夜间，地膜覆盖的地温和近地面气温都高于露地。

地膜覆盖地温一日内的变化趋势与不覆膜大体一致。一般早晨（日出前）温度最低，温差也较小，为1 ℃~2 ℃；日出后土壤受太阳辐射开始增温，14：00左右0~5 cm地温上升到最高峰位，增温效果也最大，约5 ℃。10~20 cm地温一般在17：00达最高峰，16：00~18：00以后，随着阳光辐射的减弱而降温，降温速度上层高于下层。地膜覆盖以地面温度增加最多，但一日内温差值变化幅度也最大，越往下增温值越小，变化幅度也越小。

一个生产季节内地膜覆盖地温的变化情况是：春季地膜覆盖有明显的提高地温的效果，而且在春季一定的时期内，覆盖越早，增温效果越好。随着气温的升高和农作物的生长，枝叶遮阴面积越来越大，地膜覆盖的增温效果也越来越小。一般到7月份一些作物增温效果已不显著，有的还会出现负值。但是到了秋季，气温逐渐降低，地膜覆盖增加地温的效果又逐渐提高，因此许多秋菜覆盖地膜有明显的增产效果。

地膜覆盖后地积温增长情况为：地膜覆盖后地积温显著增加。据巴彦淖尔盟农业气象站测定，某年4月18日~6月12日65天内地膜覆盖地积温为1 171.6 ℃，对照为990.5 ℃，地膜覆盖地积温增加181.1 ℃。另据这个盟的蹬口县测定，地膜覆盖4~6月份10 cm地积温增加253.1 ℃。据研究表明，地膜覆盖可使有效地积温（日平均15 ℃以上）显著增加，对寒冷地区促进作物早熟有很大作用。研究者用四季豆进行地膜覆盖的试验表明，地膜覆盖从播种到收获60天，15 ℃以上有效积温为447.5 ℃，对照从播种到收获66天，15 ℃以上有效地积温为416.5 ℃，地膜覆盖比对照提早出苗10天，提早收获6天。

地膜覆盖对地温日较差的影响：地膜覆盖番茄5~10 cm处地温日较差比对照大2.7 ℃~5.3 ℃，15~20 cm处大2 ℃左右，有利于作物光合产物的积累。

影响地膜覆盖增温的因素一般有四个：第一个是地膜种类，用不同颜色的地膜覆盖增温效果不同。国内外试验结果，以透明膜增温效果最好。第二个是天气阴晴情况，晴天太阳辐射强，增温效果好；阴雨天太阳辐射弱，增温效果差。第三个是环境条件，露地覆盖地膜比在大棚内覆盖地膜的增温效果好。第四个是不同垄式，一般高垄的增温效果优于平垄。

二、地膜覆盖对植株下部光照的影响

1. 提高近地面光照强度

覆盖地膜以后，由于薄膜本身对光有一定的反射作用，加之地膜下面附着很多小水珠，增强了地膜对光的反射能力，从而增加了作物行间近地面的光照强度。

2. 提高光合生产率

据巴彦淖尔盟地膜覆盖栽培协作组资料，地膜覆盖甜菜全生育期的平均光合生产率为17.68 g/（m² · d），对照为10.96 g/（m² · d），地膜覆盖光合生产率提高63%。中国农业科学院蔬菜研究所的试验结果表明，地膜覆盖番茄净光合生产量高于对照，呼吸强度低于对照，总光合生产量比对照高46.9%。

三、地膜覆盖对水分的影响

1. 地膜覆盖对土壤水分的影响

土壤中的水分，除了下雨或灌溉时有一部分重力水通过土壤向下渗透，一部分径流流失以外，在一般情况下，土壤水分散失的途径有两个：一个是通过土壤表面的蒸发，另一个是通过作物（还有田间杂草）地上部分的蒸腾。作物播种后至出苗前，全部土壤水分的散失靠土壤表面蒸发；作物生长前期植株比较小，水分蒸腾量也少，土壤表面蒸发仍然是土壤水分散失的主要途径。覆盖地膜以后，土壤水分蒸发状况发生了很大的变化。土壤蒸发的水分被地膜挡住，绝大部分不能散失到空气中去，于是在地膜上凝结成小水珠，小水珠汇集成大水珠，大水珠落到地面上渗入土中。这样土壤水分不断蒸发，又不断变成水珠落回土中，不但大大减少土壤水分的蒸发量，还提高了土壤上层的含水量。据山西省棉花研究所盆栽试验结果，地膜覆盖使土壤蒸发量减少90%。由于在土壤上层中积累了较多的水分，土壤含水量明显高于对照，对作物出苗十分有利。地膜覆盖下层含水量与对照差异不明显，往往还会出现低于对照的情况。地膜覆盖的作物一般要比不覆盖的生长得健壮，田间群体量大，水分蒸腾也多，因此，随着作物的迅速生长，如果没有降水或灌溉补充土壤水分，也可能出现地膜覆盖的土壤含水量低于不覆盖的情况。对这一点要有明确的认识，地膜覆盖在前期确有明显的保水效应，但在生长后期如发现缺水，一定要及时灌溉。另外，需要注意，地膜覆盖质量的好坏对保水效果影响很大。

地膜覆盖在灌区能够节约用水，在夏季雨多易涝的地区还有防涝作用。因为覆盖地膜后在灌水时有地膜阻挡，向下渗透慢，故可减少灌水量，做到浅浇快轮。下雨时同样雨水向下渗透慢，所以无论在灌溉还是降雨后的较短时间内，覆盖地膜的土壤含水量均比对照低。覆盖地膜灌水后水分向下渗透较慢，可以减少每次洒水定额。地膜覆盖的地在灌水后保水效果明显高于对照，这是地膜覆盖节水的主要原因。

2. 地膜覆盖对近地面空气湿度的影响

由于地膜覆盖能大大减少土壤水分向空气中蒸发，所以不论在露地还是大棚中，地膜覆盖都能使近地面的空气湿度降低，从而改变田间小气候的状况，有利于防止某些病害的发生流行。

四、地膜覆盖对土壤物理性状的影响

国内外的研究证明，地膜覆盖是使土壤保持良好疏松状态、改善土壤物理性状的一项有效的措施。这是因为：第一，地膜覆盖的土壤在下雨时不会受到雨点的直接拍打，也不会受到雨水径流的直接冲刷，雨水不会直接从地面向下渗透，所以雨后土壤仍能保持疏松状态。特别是下大雨时，雨点下落的速度可以达到 9 m/s，露地很容易造成雨后土壤紧实板结。第二，地膜覆盖的土壤在洒水时，同样不会受到水的直接冲击和直接从地面向下渗透。第三，地膜覆盖大大减少了由于田间操作造成的践踏和破压。第四，地膜覆盖的土壤温度和湿度都相对提高，所以土壤中的水汽（气态水）也比较多，这样由于气体膨胀的作用使土壤颗粒之间的孔隙得以保持。

各地试验结果表明，地膜覆盖能够有效地保持土壤疏松状态。与对照相比，地膜覆盖能合理调节土壤三相分布，相对提高土壤气态比例，降低固态比例，增加土壤总孔隙度，降低土壤容重；增加土壤中水稳定性团粒重占土壤总重的比例，改善了土壤的物理性状。

五、地膜覆盖对土壤微生物活动和养分的影响

1. 地膜覆盖对土壤微生物活动的影响

土壤是非常适合微生物生存的地方，土壤中有大量的微生物。土壤微生物的主要种类有土壤细菌、放线菌、土壤真菌、土壤藻类和原生动物等。土壤中微生物的数量和活动与土壤肥力有十分密切的关系。土壤微生物数量的多少，除了受土地本身性质的影响外，还与土壤水分、温度、空气等条件有密切关系。

地膜覆盖明显地提高了土壤温度，增加了上层的土壤水分，改善了土地的通气性，从各方面为土壤微生物的活动创造了良好的条件，使土壤微生物的数量大大增加。据大连市农业科学研究所的研究，地膜覆盖花生不论土壤微生物的总数，还是与增加速效营养物质有密切关系的氮、磷、钾细菌数量都高于对照。

2. 地膜覆盖对土壤养分的影响

由于地膜覆盖具有土壤增温、保水、通气诸效应，可以促进土壤微生物的活动，加快土壤中有机质的分解，增加土壤中可溶解在水中的硝态氮、铵态氮、速效磷、速效钾的含量。但据研究表明，地膜覆盖后土壤有机质含量有下降趋势，土壤速效性氮、磷、钾含量前期明显增加，后期差距缩小，甚至出现负值。

据现有资料分析，可以初步明确几个问题：

（1）地膜覆盖增加土壤速效性养分含量的作用是肯定的，后期速效养分减少也是正常的。因为，第一，地膜覆盖作物的生长情况比不覆盖好得多，从土壤中吸收的养分也多；第二，地膜覆盖后期增温效果下降，促进养分分解的作用也相应下降。

（2）试验结果证明，地膜覆盖的作物从土壤中吸收的养分确实要比对照多得多。内蒙古农业科学院甜菜研究所对地膜覆盖甜菜的测定结果表明，叶柄中硝酸态氮的含量显著超过对照。辽宁省锦州市农业科学研究所对地膜覆盖花生各生育期氮、磷、钾的吸收量进行了测定，结果均明显高于对照。

（3）地膜覆盖作物从土壤中虽然吸收了较多的养分，但是从以上数据可以看出，土壤

养分减少的数量和对照相比并不明显。这说明由于地膜的保护，土壤中挥发性氮的损失减少了，同时还能减少因下雨或灌水而造成的土壤可溶性养分的淋溶流失，从而证明地膜覆盖有明显的保肥作用。

（4）有人担心地膜覆盖后作物生长旺盛，消耗大量的土壤养分，会很快造成土壤肥力衰竭。实践证明，除了肥力很低的土壤以外，一般不会出现上述情况。浙江大学用各种颜色的地膜覆盖青椒，5 个月后对 10 cm 处土壤进行取样分析，结果土壤养分状况没有明显变化。

（5）不论盖不盖地膜，作物生长越好，则从土壤中吸收的养分就越多，因此应该针对地膜覆盖的特点，在施肥时注意做到，增施有机肥料。这既可发挥地膜覆盖有利于养分分解的优势，提高有机肥料的当年利用率，又能使土壤有机质的含量不致降低。要注意采取措施防止后期脱肥早衰，如前期进行追肥，后期进行叶面喷肥等。

六、地膜覆盖对土壤盐分的影响

一般土壤盐碱化的原因有两个，一个是土壤蒸发量远远大于降水量。例如，年平均降水量为 350 ~ 400 mm（河套灌区只有 100 多 mm），而年蒸发量达 1 000 ~ 2 400 mm。另一个是利用地表水进行自流灌溉的地区长期大水漫灌引起地下水位不断抬高，而地下水位越高，土壤水分（地下潜水）的蒸发就越多。

土壤中的盐分的运动，是靠溶解在水中而随水流动的，即所说的"盐随水来，盐随水去"。一般盐碱地大多是春季土壤解冻后，气候干燥，多风少雨，土壤下层的水分沿毛细管达到地表蒸发后，水中的盐分就积聚在土壤表面，所以一年当中春季地表积累的盐分最多，就是平常所说的"返盐"现象。这时正是播种后种子吸水发芽和出苗的阶段，而盐分正好集中在种子发芽出土的这一层土壤中，所以很容易发生盐碱危害，造成缺苗。到了夏天进入雨季或者进行灌溉，土壤表层积聚的盐分又随水渗到土壤下层，表层的含盐量逐渐降低。由此可见，一年之中土壤返盐集中在春季，而要控制春季土壤返盐，关键在于减少土壤水分的蒸发。

进行地膜覆盖恰恰能够大大减少春季土壤水分的蒸发，有效地抑制土壤盐分向表层积聚，从而减轻盐碱对种子发芽和幼苗的危害。

七、地膜覆盖对田间杂草的影响

地膜覆盖在地膜与地面紧密贴在一起的情况下，对田间杂草有明显的抑制作用。因为地膜下的温度可达 40 ℃ ~ 50 ℃，大部分杂草的幼苗出土以后即被高温烤死或者生长缓慢，叶色变黄，一部分逐渐枯死。

地膜覆盖虽然有明显抑制田间杂草的作用，但是覆膜部分在作物生长期间无法进行田间除草，而如果控制不住杂草的生长，就要将地膜揭起，进行除草，则前功尽弃。所以，千方百计地控制田间杂草，是保证地膜覆盖成功的一个关键。

控制地膜覆盖田间杂草的主要措施有以下三点：

第一，要提高覆膜技术，保证地膜质量。提高地膜覆盖对杂草抑制效果的关键在于使地膜紧贴地面，所有边缝都要用土压严、压实。为提高地膜覆盖质量，要选择多年生恶性杂草少的地块，并进行秋季翻耕，减少恶性杂草；要精细整地、作垄，达到地面平整，才能保证地膜与地面贴紧；覆膜时要拉紧铺平压实；先播种后覆盖的地，放苗后要及时将植株周围的地膜用土压平；要经常进行田间检查，如有地膜掀起，立即压好。如膜下杂草将地膜顶起，应及时用脚踩平，重新压好。

第二，可以采用杀草膜。杀草膜是一种含有杀草剂的地膜。据国内外研究报道，杀草膜在各种作物地膜覆盖栽培条件下都可以取得好的防除田间杂草的效果。

第三，使用化学除草剂。在没有适合的杀草膜可供选择的情况下，如使用普通透明膜覆盖，可在覆盖前喷撒化学除草剂。对于不同的作物应选用不同的除草剂，因为供生长作物田间使用的除草剂都是选择性除草剂。如使用除草剂的种类不当或过量，容易产生药害。因此选择除草剂种类、用量和使用方法时应该特别注意。除草剂一般要随用随配，先用少量的水将药配成原液再用大量的水稀释。有的除草剂可与细土拌在一起撒施（一定要将药与土充分拌匀）。一定要将除草剂均匀地撒在土地面上，喷撒后及时覆盖地膜，避免药物处理的土层受到破坏。地膜覆盖后膜下与地面之间的空间很小，容易使药剂浓度增高而发生药害，因此用药量可比露地常规用量少。

八、减少投入

由于覆盖地膜后减少了灌水次数，并可减少中耕，防止杂草丛生，因而能减少灌水、中耕、除草的部分劳力投入。根据遵义市农业科学研究所在辣椒地膜覆盖试验的研究结果表明，地膜覆盖在辣椒全生育期可以减少灌溉 1 次，减少中耕除草 2 次，一般可以节约辣椒栽培人工成本 21% 以上，同时每亩还可节约灌水抽水电费、田间除草剂费用等 42 元。

九、减少病虫害

全国各地经过几年的生产实践和试验观察证明，地膜覆盖对作物某些病虫害的发生流行有一定的影响。这是因为，一方面，覆盖地膜以后，各种作物地上、地下部分普遍生长健壮，增强了对病虫害的自身抵抗能力；另一方面，由于地膜覆盖改变了上层土壤的生态环境、田间植株生长的群体结构和田间小气候状况，从而改变了某些病虫的生态环境条件。根据现有资料分析表明，总趋势是，较多的病害和一些虫害有减轻的趋势，特别是覆盖银灰膜后蚜虫和多种蚜传病毒病明显减轻，在大棚内覆盖地膜，对黄瓜霜霉病的发生也有明显地抑制效果。另外，有少数病虫害在覆盖地膜后有增加的趋势，这可能是地膜覆盖使生态环境向有利于这些病虫生存的方向发展所致。

十、地膜覆盖对辣椒生长发育的促进作用

地膜覆盖可以有效地改善土壤温度、水分、养分、通气条件和田间小气候，特别是在降

水少、气温低、生育期短的条件下，能为作物的生长发育创造有利的环境条件，对作物生长发育起到促进作用。

1. 发芽出土快

地膜覆盖均具有促进作物种子发芽出苗的作用。据遵义市农业科学研究所研究，地膜覆盖直播辣椒育苗可比露地辣椒育苗平均提前 6 ~ 8 天，提前 5 ~ 7 天进入最适移植期。

2. 根系发达

由于地膜覆盖改善了土壤的水、肥、气、热等条件，为作物的根系生长创造了有利的环境。因此，在国外有人把地膜覆盖栽培称为护根栽培，充分说明了地膜覆盖对于促进根系生长具有重要作用。

据报道，地膜覆盖青椒每穴鲜根重比对照重 12.2 g，根的干重比对照重 1.7 g，排水体积比对照大 8 mL；膜覆盖茄子单棵鲜根重比对照重 19.9 ~ 32 g，根的干重比对照重 0.9 ~ 9.6 g，排水体积比对照大 14.0 ~ 49.9 mL。地膜覆盖不仅能促进作物根系生长，而且能增加根系的活力，主要表现在增加作物的伤流量和根系的呼吸强度等。同时，研究结果还表明，地膜覆盖番茄根系生长快，根系发达。但是，如果土壤营养不足，地膜覆盖的根系衰老也快，出现衰老的时间提早。因此，地膜覆盖栽培一定要注意施用足够的肥料。

3. 地上部分生长旺盛

地膜覆盖不仅改善了土壤肥力状况，促进根系生长，而且由于根系的发达和近地面小气候状况的改善，也促进了地上部分的生长。

（1）地上部分生长量。据调查研究，辣椒地膜覆盖后茎、叶、果实的生长量均明显高于对照。全国各地对各种作物的试验结果一致证明，地膜覆盖能够促进作物整个地上部分的生长。

（2）同化器官。作物进行同化作用的主要器官是叶片。叶面积的多少，通常用叶面积系数（叶面积指数）来表示。据研究，地膜覆盖辣椒在不同肥力水平条件下生长前期的叶面积系数大于对照。但是地膜覆盖番茄在较低肥力下因营养不足会出现早衰，即叶面积系数下降较快，甚至低于对照。

（3）叶绿素含量。叶绿素是存在于作物细胞叶绿体中的一种绿色物质，是作物进行光合作用时吸收和传递光能的主要物质。因此，叶绿素含量的多少在很大程度上决定光合作用的强弱。据研究，地膜覆盖辣椒全生育期的叶绿素含量均有增加的趋势。

（4）干物质积累。据研究报道，地膜覆盖辣椒生长期间干物质积累的速度远远超过对照。据遵义市农业科学研究所辣椒课题组 2008 年的研究测定，地膜覆盖辣椒（遵辣 1 号）单株茎干物质重最少增加 2.12 g，平均日产量增加 0.01 ~ 0.10 g。

（5）经济产量的形成。据遵义市农业科学研究所辣椒课题组 2008 年的研究，地膜覆盖辣椒（遵辣 1 号）在亩株数相同（8 000 株）的条件下，单株坐果数比对照增加 3.2 个，单果平均重增加 0.09 g，亩干辣椒产量为 282 kg，比对照提高 33.1%。需要注意的是，地膜覆盖辣椒生长后期在施肥量较低的条件下，后期经济产量有下降趋势；而在高施肥的条件下，经济产量仍继续增加。

4. 促进早熟

一般对温带地区春季播种的各种作物进行地膜覆盖，都能促使作物生长速度加快、各生育期提前，达到提早成熟收获的目的。因此对于气候寒冷、无霜期短的地区来说，地膜覆盖有两个明显的效果。第一，一些因无霜期短而不能正常成熟的作物或品种，原来不能种植，通过地膜覆盖后能够正常成熟，从而提高了产量；第二，许多进行多次收获的蔬菜、瓜类作物因生长前期气温低，成熟迟、上市晚、前期产量低，地膜覆盖后，成熟期提前，上市早，前期产量高，既改善了淡季市场供应，又增加了农民的经济收入。地膜覆盖有促进早熟和增产、增收的作用。地膜覆盖青椒比对照可增产 1.4% ~ 69.9%，其中前期产量增加 21.2 ~ 247%，提前 3 ~ 10 天上市。地膜覆盖栽培对我国北方春播作物均有明显促进早熟的作用。青椒等作物覆盖地膜后，全生育期均显著提前，前期产量增加 47.4% ~ 191.2%，总产量增加 37.9% ~ 67.0%。

5. 改善品质

地膜覆盖能使许多作物的产品品质得到改善，主要表现在以下两方面：

（1）由于地膜覆盖促进了作物的生长，所以植株果实、种子的重量和质量一般都比不覆盖的要好。据遵义市农业科学研究所 2008 年在遵义县辣椒科技园试验研究表明，遵辣 1 号地膜覆盖在中等施肥水平下，平均单果干重达到 1.22 g，对照为 1.19 g，显著提高了辣椒生长势（图 5 - 1）。

图 5 - 1　地膜覆盖辣椒生长优势效果

（2）通过地膜覆盖改善了产品的色泽、化学成分或物理性质。地膜覆盖辣椒除使辣椒成熟期显著提前外，还可以显著改善辣椒的商品性状，地膜覆盖辣椒表现果型整齐一致。

第三节　辣椒地膜覆盖栽培技术

一、品种选择与育苗

地膜覆盖栽培对于辣椒品种没有特殊要求，其选择原则与露地栽培品种的选择原则一致，一般可以作为露地栽培的品种都可以作为地膜覆盖栽培品种。但是一定要注意选择有地域性优势、有市场、针对性强、高产、优质和抗性好的辣椒品种，才能有好的经济效益。

辣椒的育苗方式与技术可以参考露地栽培育苗技术，最好采用漂浮育苗技术，这样可以最大限度地减少移植造成的幼苗损伤，充分利用地膜覆盖的良好小气候，更有利于辣椒快速恢复生长，促进辣椒提早成熟，增加辣椒栽培的经济效益。

二、选地、整地、施肥与起垄覆膜

辣椒移植前的选地、整地等准备工作质量的好坏，对于辣椒地膜覆盖栽培的最终效益影响非常大，是辣椒地膜覆盖栽培技术的关键之一。

选地应该特别注意的是，辣椒种植最好不与同科作物连作，因为辣椒的一些病害可通过土壤传播。一般不选前作是辣椒、烟草、马铃薯、茄子、番茄和人参果等茄科类作物的地块，宜与其他作物轮作或水旱轮作。要求土层深厚、肥沃、疏松、排水良好、微酸性至中性土壤。地膜覆盖栽培主要包括开沟排水、整地、施肥、起垄、盖膜等，目的是为辣椒生长创造一个耕层深厚、土壤疏松、水分充足、养分富裕的小环境。

开好排水沟是辣椒种植成功的关键性措施之一，这是因为，辣椒是既喜水又怕水的作物。在连续降雨后，要及时排水；而在连晴高温干旱时，应及时灌溉浇水。这有助于抗旱和减少病虫害。要实施起垄栽培。由于辣椒生长于整个夏季，高温干旱或阴雨连绵，而辣椒根系较浅，极易造成病害流行和根系腐烂。

精细整地、施肥与起垄，地膜覆盖辣椒的增产效果与覆膜的质量关系非常密切，而覆膜质量的好坏，又受整地质量的影响。因此，辣椒地膜覆盖要求地平、土细、无根茬，这样才能提高覆膜质量。要求垄高低一致，垄面平直，无大土块。一般整地、施肥与起垄相结合，需施足有机肥，是因为地膜覆盖地温高，土壤微生物活动旺盛，有机质分解快，作物生长前期耗肥多。为防止中后期脱肥早衰，在整地过程中应充分施入迟效性有机肥，基肥施入量要高于一般露地田 30%～50%，且要注意氮、磷、钾肥的合理配比，在中等以上肥力地块，为防止氮肥过多引起作物前期徒长，可减少 10%～20% 氮肥用量。实施测土配方施肥，根据土壤情况，一般亩施用腐熟有机肥 2 500～3 000 kg，钾肥 20～40 kg，普钙 40～60 kg，纯氮 10～25 kg。一般将氮肥和钾肥总量的 40%～70%、全部磷肥作为基肥一次性施入栽植行中。可以采用沟施、窝施或撒施（一般沟施、窝施的肥料利用率高，但是要增加一定量的劳动力成本）。基肥应该在定植前7～10天施入土壤中，将肥料与土壤充分混合拌匀、起垄、茨细整平。起垄规格可以每120 cm包沟开厢，垄高20～25 cm（干旱缺水地区可以适当降低垄高），沟宽30～40 cm，垄向一般采用南北为好，这样光照更加均匀。起垄完成后就可以盖膜了。盖好膜很重要，如果盖得不平、不牢固、压得不严实，就不能起到保温、保水、保肥、抑制杂草、控虫的作用，就不能提高地温、促进生长，就不能实现高产和高效。因此，盖膜的关键是要盖严、压严，特别是四周和栽植孔周围要压严实，防止被风刮起和漏气。有条件的地方可以采用起垄施肥铺滴灌管盖膜一体化机器进行。

三、规范化移植

一般在起好垄、盖好地膜的垄面上移植两行辣椒，采用拉绳打点定距，也可以采用机械化打窝定距移植，窝距27.8～37.0 cm，亩栽3 000～4 000窝，常规品种每窝2株，杂交种每窝1株。保证移植质量是辣椒高产高效的重要环节。

四、及时追肥

1. 及时追施苗肥

辣椒在肥力不足的情况下，往往易形成僵苗、老化苗，开花坐果早，但是容易早衰，产量不高，辣椒品质低。故在缓苗后，及时追施人畜粪尿，每亩用量750 kg，约加尿素10 kg，使辣椒长势尽快恢复。地膜覆盖结合滴灌可以提高工作效率，提高施肥质量。

2. 稳施坐果肥

辣椒开始现蕾标志着植株生殖生长的开始，如果此期给予土壤过多的养分，辣椒植株易疯长，往往一、二权坐不住果。为了克服这种现象，促进植株分枝、开花、坐果，一般每亩施入人畜粪尿1 000 kg，不必增施氮肥。

3. 重施花果肥

一般在果实坐稳后进行，这时辣椒植株大量开花坐果，果实膨大，并又继续分枝着生花果，需要大量养分。如是采收红椒，吸肥水时间长，应加大施肥力度。一般每亩每次施入人畜粪尿1 500 kg，另加钾肥5 kg、尿素5～10 kg。施肥浓度不宜过大，以防干旱季节烧伤根脚，造成落花落果。粪水以三成稀为佳，无机肥可随粪水加入，也可随浇水加入。施肥时应尽量避免肥水落到植株上，以防烧叶。在坐果后浇两三次肥，第一次采收后应追施一次（一般加尿素5 kg，下同），以后每采收两次应追肥一次。

五、加强病虫害防治

辣椒栽培必须按照无公害蔬菜生产的要求，实施病虫害无公害综合防治技术，即以农业综合防治为主，包括品种选用、种子消毒、苗床消毒、培育壮苗、深翻炕土、科学合理施肥及加强田间管理等各个环节，以药剂防治为辅。药剂防治必须选用高效低毒、对人畜无害的农药种类，施药必须按规定的施用浓度和施用时期进行，且在商品椒采收前2～7天严禁施用农药。

六、加强田间管理

在定植后 7 ~ 10 天，及时追苗肥。封行前进行第二次追肥。进入采收期后，最好及时追施，保持田间无杂草和田间排水畅通，预防下雨受涝。

七、成熟及时采收

根据辣椒不同用途的采收标准及时采收，对红熟果实不及时收摘可能导致以下结果：一是影响上层结果；二是果实成熟后遇阴雨天气，出现开裂、炸皮、霉烂等，降低商品价值。因此，为了不影响植株的生长和开花结果，减少养分消耗，增加产量和增进品质，应在辣椒果实成熟后及时分次采收，即成熟一批采摘一批。采收应在晴天进行，以便及时挑选晾晒。

复习思考题

一、填空题

1. 辣椒地膜覆盖的作用有保温、保水、保肥、防草、省工、省费、降低病虫、_____、提高土壤微生物的活性、增加土壤有效养分、改善作物下部光照、改善田间作物小气候、增产、增效。

2. 地膜覆盖对近地面空气湿度的影响有：由于地膜覆盖能大大减少土_____向空气中蒸发，所以不论在露地还是大棚中，地膜覆盖都能使近地面的空气湿度降低，从而改变田间小气候的状况，有利于防止某些病害的发生流行。

3. 国内外的研究证明，地膜覆盖是使土壤保持良好疏松状态、改善土壤_____的一项有效的措施。

4. 由于地膜覆盖改善了土壤的水肥气热等条件，为作物根系的生长创造了有利环境，因此，在国外有人把地膜覆盖栽培称为_____，充分说明了地膜覆盖对于促进根系生长的重要作用。

二、思考题

1. 地膜覆盖对农业生产的作用有哪些？
2. 地膜覆盖对辣椒的生长发育有哪些影响？
3. 简述地膜覆盖栽培应该注意的问题。
4. 辣椒地膜覆盖栽培的主要生产环节有哪些？

第六章　辣椒设施栽培技术

20 世纪 70 年代以来，设施农业在西方发达国家迅速发展，已成为由多学科技术综合支持的技术密集型产业。我国人口多、人均资源少，农业仍然以传统的生产方式为主。为了加快我国农业现代化进程，通过引进国外先进技术，消化、吸收并加以创新，形成了我国工厂化高效农业体系。目前我国设施栽培的主要类型是塑料拱棚（塑料大棚）、日光温室和现代化温室。塑料拱棚主要用于春早熟、秋延后的保温栽培；日光温室用于北方地区的越冬保温栽培；现代化温室用于各地区周年栽培。本章简要介绍各类辣椒设施栽培技术。

第一节　设施类型及其性能

一、塑料拱棚

塑料拱棚是用竹、木、水泥或钢材等作骨架，将塑料薄膜覆盖于拱形支架之上而形成的栽培设施。根据塑料拱棚的结构形式和占地面积，可分为塑料小棚（图 6 - 1）、塑料中棚、塑料大棚和连栋大棚等。

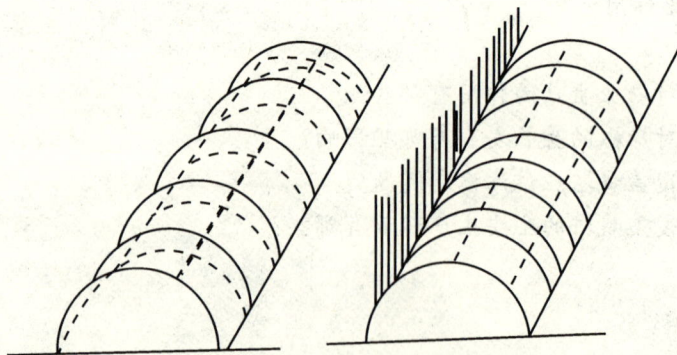

图 6 - 1　塑料小棚示意图

1. 塑料拱棚的组成

塑料拱棚由骨架和棚膜组成，骨架主要有三杆一柱，即压杆、拱杆、拉杆和立柱。棚的两端设立棚门，跨度大于 10 m 的大棚还要在顶端设通风口（图 6-2）。

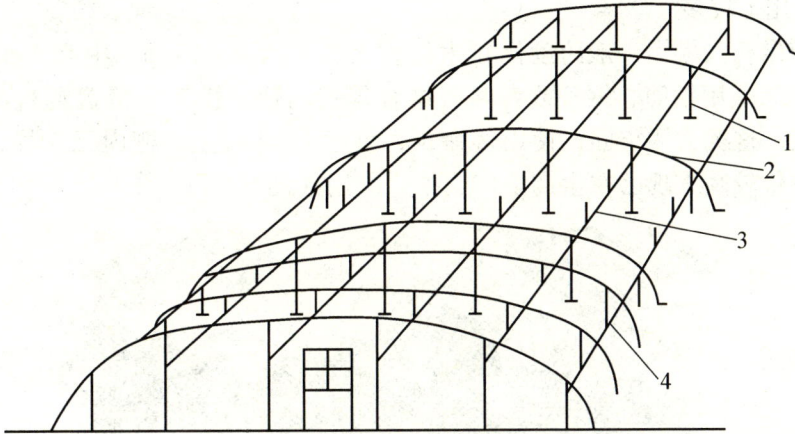

图 6-2 塑料拱棚骨架各部位名称
1、4—立柱；2—拱杆；3—横拉杆

2. 塑料拱棚的类型

塑料拱棚根据材质等可分为不同类型，现以塑料大棚为例进行介绍。

塑料大棚具有空间大，作业方便，采光好，保温性能强，有利作物生长发育，坚固耐用等优点。一般棚宽 6~15 m，高 2~3 m，长 30~60 m，面积为 333~667 m²。

（1）竹木结构大棚。用竹竿连成拱架，横向柱间距 2~3 m，纵向柱间距 1~1.2 m。其优点是取材方便，造价较低，且容易建造。缺点是棚内立柱多，遮光严重，作业不方便，使用寿命短，抗风雪性能差等（图 6-3）。

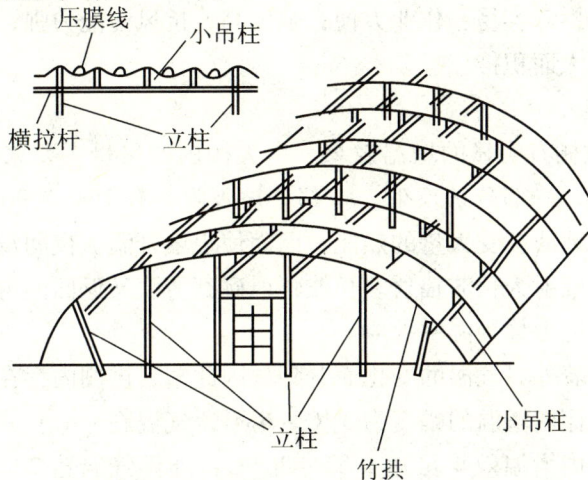

图 6-3 单栋竹木结构有柱式大棚

（2）钢（水泥构件）竹混合结构大棚。棚形与竹木结构大棚相同，使用的材料除竹木外，还有钢材、水泥构件等多种。一般拱杆和拉杆多采用竹木材料，而立柱采用水泥柱；或者主架用钢材，副架用竹木。混合结构的大棚较竹木结构大棚坚固、耐久，抗风雪性能强，在生产上的应用也较多。

（3）钢架结构大棚。一般跨度比竹木结构大，多为 8～15 m，中高 2.4～3.0 m，长 30～60 m。拱架是用钢筋、钢管或者两者结合焊接而成。拱架上覆盖塑料薄膜，拉紧后用压膜线固定。这类大棚牢固，使用寿命长，可达 10 年以上。棚内无立柱，透光好，作业方便，但造价较高。现已在生产上广泛推广应用（图 6-4）。

图 6-4　钢架结构大棚

装配式钢管大棚是由工厂按照标准规格生产的组装式大棚，材料多采用薄壁镀锌钢管。一般大棚跨度 6～12 m，中高 2.5～3.0 m，肩高 1～1.2 m，长 20～60 m。拱架和拉杆均采用薄壁镀锌钢管连接而成，拱架间距 80～120 cm，所有部件用承插、螺钉、卡槽或弹簧卡连接，用镀锌卡槽和钢丝弹簧压固棚膜，用手摇式卷膜器卷膜通风。这种大棚的优点是：重量轻，搬运方便，安装拆卸容易，作业方便；强度高，抗风雪能力强；空间大，采光好。因此，在有条件的地区可大面积推广。

3. 塑料拱棚的性能

（1）温度。塑料拱棚有明显的增温效果。白天棚内的热量主要来自太阳直射光，太阳短波辐射在大棚的表面，一部分被反射，一部分被吸收，有 75%～90% 进入棚内，致使大棚积聚大量的热能，使地面接受大量的热能，因而使土壤升温。夜间没有太阳光辐射，而由地面向棚内辐射，这种辐射为长波辐射。长波辐射碰到薄膜又返回棚内，使棚内保持一定的温度。大棚的这种保温能力称为温室效应。

塑料拱棚内温度随着外界气温的变化而升降。因此塑料拱棚内存在着明显的季节温差和昼夜温差。早春时期，棚内增温的幅度为 3℃～6℃，气温在 -4℃～5℃ 时，棚内的辣椒就会出现冻害。初夏棚内增温效果可达 6℃～20℃，外界气温达 20℃ 时，棚内气温可达 30℃～40℃，此时如不及时通风，极易造成高温危害。大棚白天温度变化和天气阴晴有关，晴天增温效果好，阴天则相反。在棚关闭不通风时，上午随日照加强，棚温迅速升高，春季10：00后升温最快，12：00~13：00达最高温。下午日照减弱，棚内开始降温，最低温出现在黎明前。

塑料拱棚的增温效果还与棚体的大小、方位等有关。在一定的土地面积上，棚越高大，光照越弱，棚内升温越慢，棚温越低。

温度与棚的方位也有关。冬季（10月至翌年3月）东西向棚比南北向棚透光率高12%。3月份以后，由于太阳照射角度的变化，南北向棚的透光率高于东西向大棚6%~8%。东西向棚的北侧受风面积较大，对温度和棚体的稳定都有一定的影响。

塑料拱棚的增温效果与塑料薄膜种类也有关。目前常用的塑料薄膜为聚氯乙烯薄膜和聚乙烯薄膜。聚氯乙烯薄膜的保温性能较好，而且耐老化，但易生静电、吸尘性强。聚乙烯薄膜的红外光、紫外光透过率高于聚氯乙烯薄膜，故升温快，同时又不易吸尘，棚内水滴较少。

（2）光照。塑料拱棚的透光性能较好，阳光透过薄膜后就成为散射光。因此，垂直光照程度都是高处强，越近地面光照越弱。由上至下，光照强度的垂直递减率为每米10%左右。大棚内水平照度差异不大。就一天的光照强度来说，南北向棚上午东强西弱，下午则反之，但是南北两端相差无几。

由于建棚所用材料不同，其遮阴面的大小亦有差异。一般竹木结构大棚的透光率比钢架结构大棚少10%左右，钢架结构大棚的透光率比露地减少28%。

薄膜的透光率因质量不同差异很大，最好的薄膜透光率可达90%，一般薄膜为80%~85%，较差的仅为70%。薄膜透过红外线和紫外线的能力比玻璃强，但薄膜受紫外线及温度的影响，会老化变质，因而透光性减弱。薄膜上的灰尘和水滴也会大量降低透光率。

（3）湿度。由于薄膜不透气，棚内土壤和作物蒸发的水分难以散出，所以棚内湿度较大。如不通风，棚内相对湿度可达70%~100%。棚内温度越高，相对湿度越低，温度每升高1℃，相对湿度大约下降5%。从一天的变化来看，白天棚内湿度小，夜间棚内湿度湿度大，甚至达饱和状态。棚内湿度过大是由于浇水和低温结露引起的。为降低棚内湿度，除了注意通风排湿以外，还可采取铺地膜、改变灌溉方式、加强中耕等措施，防止出现高温高湿和低温高湿现象。

二、日光温室

日光温室是农业设施中性能比较完善的类型，具有人工调节设施环境的设备，可在冬季进行农作物生产。日光温室大多以塑料薄膜为透明覆盖材料，有的则用平板玻璃。它以太阳为热源，靠最大限度采光使温室内的温度升高，靠防寒沟、覆盖物保温、保湿（图6-5）。

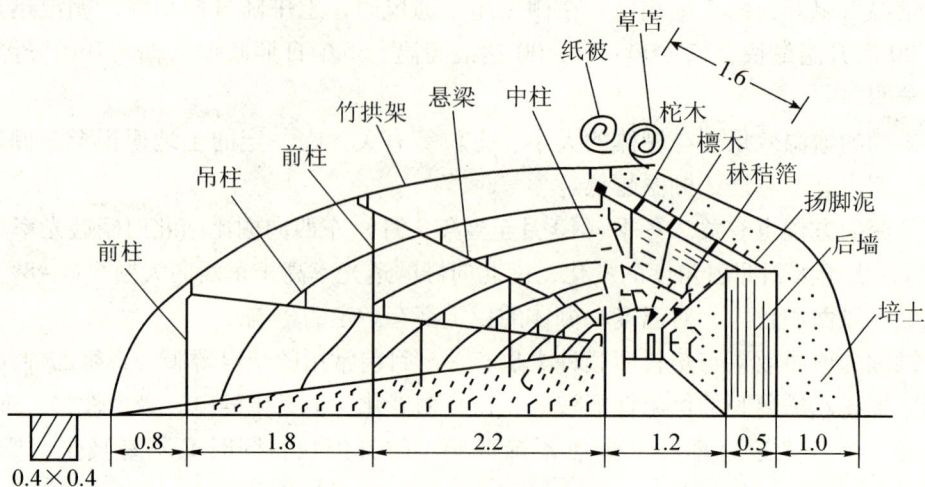

图 6-5　日光温室结构图

1. 日光温室的主要类型

（1）单屋面温室。目前我国应用的单层面温室有一面坡式、二折式、三折式和立窗式等类型。

（2）拱圆形节能日光温室。该类温室的向阳面为拱形，骨架可用竹木、钢筋混凝土和钢管架材料。前后都有防寒沟。

2. 日光温室的性能

（1）光照特点。日光温室的光照状况，与季节、时间、天气情况以及温室的方位、结构、建材、棚膜、管理技术等密切相关。日光温室内光照存在明显的水平和垂直分布差异。日光温室内光照的水平分布是白天自南向北光照强度逐渐减弱；日光温室内光照的垂直分布是在同一位点自下而上光照强度逐渐减弱。

（2）温度特点。在各种不同的天气条件下，日光温室的气温总是明显高于室外气温。每天日出后，揭掉草苫，在温室密闭不通风情况下，温室内的温度每小时可上升 5 ℃ ~ 8 ℃；13：00 到高峰值，一直保持到 15：00 后开始下降，16：00 ~ 17：00 应盖草苫，以减少温室内热量损失。每天温室内日出前温度降到最低值。

三、现代化温室

现代化温室通常又称连栋温室，也叫智能温室，主要指覆盖面积大（1 000 m²），环境（温度、湿度、肥料、水分和气体等）基本上不受自然影响，而由计算机自动控制，可根据作物生长发育的要求调节环境因子，以满足其需求，能周年全天候生产农作物产品的大型温室。这种农业设施是设施园艺中的高级类型，能够大幅度地提高作物的产量、质量和经济效益（图 6-6）。

1. 现代化温室的主要类型

（1）屋脊型连接屋面温室，其骨架采用钢架和铝合金构成，透明覆盖材料为 4 mm 厚平

图6-6　现代化温室

板玻璃。

（2）拱圆形连接屋面温室，其骨架由热浸镀锌钢管及型钢构成，透明覆盖材料为双层充气塑料薄膜。

2. 现代温室的配套设备与应用

（1）自然通风系统。自然通风系统有顶窗通风、侧窗通风和顶侧窗通风三种通风方式。玻璃温室多采用转动式和移动式，薄膜温室多采用卷帘式。自然通风是温室通风换气、调节室温的主要方式。

（2）加热系统。加热系统主要有热水管道加热和热风加热两种方式，都是采用集中供热、分区控制的方法。

（3）幕帘系统。根据安装位置，幕帘系统可分为内遮阳保温幕和外遮阳保温幕两种。其传动系统又有钢索轴和齿轮齿条两种，都可自动或手动控制。

（4）降温系统。降温系统有细雾降温和湿帘降温两种方式。

（5）补光系统。补光系统主要用于冬季或阴雨天光照不足时进行补光。

（6）补气系统。补气系统由二氧化碳施肥系统和环流风机组成。

（7）计算机自动控制系统。一个完整的自动控制系统包括气象监测站、微机、打印机、主控制器、温湿度传感器和控制软件等。它可自动测量温室的气候和土壤参数，并对温室内配置的所有设备实现优化运行而实现自动控制，如开窗、加温、降温、加湿、除湿、补充光照、二氧化碳施肥、灌溉施肥和环流通气等。

（8）灌溉系统。灌溉系统包括水源、储水及水处理设施、灌溉设施、田间管道和灌水器等。常见的有滴灌和喷灌两种。

（9）施肥系统。施肥系统与灌溉是连在一起的，在混合罐中将水和肥料均匀混合，通过灌溉系统实现施肥。

第二节 栽培技术要点

一、春早熟栽培技术

1. 品种选择

选用早熟、耐寒、耐湿、耐弱光、株型紧凑而较矮小的抗病良种，如甜杂1号、甜杂6号、中椒12号等。大棚早熟辣椒要早播种，育大苗。

2. 种子处理

播种前1~2天选晴天晒种，注意不要烫坏种子。播种前将种子置于55℃~60℃温水中浸泡15分钟，浸泡时不断搅拌；然后加水浸泡5~7小时；再用清水洗净种皮上的黏质，沥干。洗净后的种子用0.1%高锰酸钾溶液浸泡5分钟，洗净后准备播种。

3. 播种育苗

辣椒早熟栽培一般是在9月中下旬至10月上中旬播种育苗，育苗方式以漂盘育苗为佳。

4. 整地和定植

定植前要尽早深翻土地并施入基肥，基肥应以有机肥为主，一般每亩5 000 kg，氮、磷、钾复合肥50 kg。11月移植，定植时苗矮壮，已分杈，带花蕾。定植前7~10天扣上棚膜，垄面盖地膜，以提高棚温和地温。

5. 定植后的管理

（1）温度管理。定植后5~7天内一般密闭大棚，以提高温度、加速缓苗。秧苗成活后至坐果之前，白天棚温上升至27℃以上时要通风，下午降至27℃时则闭棚。结果期以30℃作为通风或闭棚的临界温度。夜间最低温控制在15℃以上，昼夜通风。如果早春出现低温危害及冻害，要加盖薄膜，或者大棚内再套盖小棚，可提高温度2℃~3℃。夜间再在小棚上加盖草帘，保温效果更好。

（2）水分管理。大棚内辣椒水分管理的原则是前期要控制浇水，避免棚内低温、高湿；结果期要充分供水。如能采用滴灌，可降低棚内湿度，省水省工，有利于辣椒的生长发育和减轻发病。

（3）施肥管理。坐果之前用稀粪水或1%的复合肥水轻施一次提苗肥，开始结果后，在垄中央行间施入复合肥，每亩以追施纯氮20 kg、纯钾20 kg产量最高，初花期、采果初期和采果中期各施三分之一。

（4）其他管理。生长前期要及时摘除植株基部生长旺盛的侧枝，中后期摘除植株内侧过密的细弱枝。前期常因夜温过低及植株徒长等原因引起落花，可采用1%防落素20~30 mg/L稀释液在盛花期至幼果期喷花喷果，每次间隔10~15天，有保花、保果作用。施用防落素时，不要在中午高温下进行，最好在11：00以前或15：00以后施用，并且当天配制的防落素须当天使用。

二、秋延后栽培技术

利用大棚辣椒秋延后栽培，可使辣椒生产延迟到深秋或早冬冷凉季节，为国庆节和元旦供应新鲜辣椒产品。

1. 品种选择

选择生长势强、抗病、丰产、前期耐高温、后期耐低温的中熟或中晚熟品种，如中椒13号、保加利亚尖椒、湘研15号和甜杂4号等。

2. 播种

6月底至7月初播种，种子处理及育苗方式同春早熟栽培。

3. 定植

定植前应选择前茬未种过茄科类蔬菜的地块，早翻耕晒垡整碎，每亩施有机肥3 000～4 000 kg，磷肥50 kg，复合肥50 kg，钾肥10～15 kg，按棚宽设计垄面并盖膜。7月底至8月初，即出苗25～35天（苗高约15 cm，有真叶7～10片，刚现蕾）后，选择阴天或晴天的下午，按每亩栽3 500株的规格定植。定植后一次性浇足定根水。

4. 定植后的田间管理

（1）保温防冻。辣椒最适生长温度白天为25 ℃～30 ℃，夜间为18 ℃～20 ℃，低于11 ℃时生长受阻，低于5 ℃时受冻。防冻是秋延后辣椒栽培的一项关键措施。

（2）肥水管理及其他管理措施与春早熟栽培相同。

三、越夏连秋栽培技术

越夏连秋栽培的品种选择、种子处理、播种育苗、整地、定植均与春早熟栽培相同。

春早熟栽培的辣椒，在6月下旬揭去塑料薄膜后，须保证充足的水肥供应。在高温多雨的夏季，辣椒生长受到抑制，结果量少，果形小，产量低，植株高度和展度几乎处于停顿状态。8月中旬后，温度降低，此时对辣椒加以修剪，除去老枝叶、弱枝，使辣椒得以更新复壮。在10月1日前，在大棚上重新扣上薄膜，进行秋延后栽培，一直到初冬。还有一种方式是在炎热的夏季，把大棚四周的薄膜掀起，卷上，使大棚四周通风，此时大棚上部的薄膜起到了遮阴降温的作用，辣椒可度过炎热的夏季。进入秋季后，根据外界气温下降速度，逐渐将薄膜放下，在10月1日前将其全部放下，边缘埋好。扣棚时间要灵活掌握。扣棚初期要加强放风。扣棚时，要逐步进行，先将棚顶扣上，在棚顶的中间要留通风口，四周的薄膜夜间也要盖严，夜间还要留通风口；当外界夜间温度降到15 ℃以下时，应将全棚扣严，只在白天进行通风。中后期要加强防寒保温。棚内温度低于15 ℃时，可采用加盖草帘的方法加强防寒保温，以促果实膨大。在晴天的中午，要进行短时间的通风。

长期栽培的辣椒在夏季过后，植株又开始迅速生长，开花结果。此后适宜大棚辣椒生长发育的时间为8月中旬至10月，所以要集中水肥管理，促其缓秧，多发新枝，及早开花坐果，力争在全棚扣严、夜间不能放风之前，使果实坐住。在全棚扣严后，为避免棚内的湿度过大，只要土壤不过分干旱，原则上不再浇水。当外界气温过低，大棚辣椒不能继续生长时，为防止果实受冻，要及时采收。

要使辣椒的生长期长、产量高，需对辣椒进行整枝。每株按 3~4 杈整枝，从对杈开始，保留 3~4 杈，在以后每杈上长出的两小杈中留长势较强的一杈。枝杈可用尼龙绳吊起，每株可用吊绳 3~4 条，其中 1 条吊在正对绳下方植株的一个杈子上，另外 2~3 条吊入相邻植株的枝条上，如此循环吊枝，使吊绳交叉成网，这样植株才不易倒伏。每株的 3 条主枝任其生长，长到一定高度时，摘心；主枝下的侧枝萌发后，比较粗壮的可坐果，当果实坐住后，在果实上部留两片叶摘心。

复习思考题

一、填空题

1. 20 世纪 70 年代以来，_____在西方发达国家迅速发展，已成为由_____支持的技术密集型产业。

2. 塑料拱棚是用_____等作骨架，将_____覆盖于拱形支架之上而形成的栽培设施。

3. 塑料大棚具有_____等优点。

4. 薄膜透过_____的能力比玻璃强，但薄膜受_____影响，会老化变质，因而透光性减弱。

5. 为降低棚内_____，除了注意通风排湿以外，还可采取_____等措施，防止出现高温高湿和低温高湿现象。

6. 日光温室的光照状况，与_____和_____等密切相关。

7. 现代化温室通常又称_____，也叫_____。

8. 大棚辣椒春早熟栽培应选用_____和_____的抗病良种。

9. 辣椒春早熟栽培一般是头年_____至_____播种育苗，育苗方式以_____为佳。

10. 利用大棚辣椒_____栽培，可使辣椒生产延迟到_____冷凉季节，为国庆节、元旦供应新鲜辣椒产品。

二、思考题

1. 我国目前设施栽培的类型有哪几种？分别适用于哪些栽培方式？
2. 简述塑料拱棚骨架的组成部件。
3. 塑料拱棚的增温效果与哪些因素有关？
4. 日光温室的温度特点是什么？
5. 试述现代化温室的定义及作用。
6. 试述辣椒设施栽培的类型及要点。

三、问答题

1. 简述装配式钢管大棚的组成及优点。
2. 什么是大棚的温室效应?
3. 试比较聚氯乙烯和聚乙烯两种薄膜的优缺点。
4. 现代化温室有哪几个系统?
5. 大棚春早熟栽培辣椒的水分管理的原则是什么?
6. 如何做好秋延后辣椒的保温防冻工作?

第七章　辣椒病虫害及其防治

学习目标

1. 掌握辣椒病虫害的各种防治方法和具体措施。
2. 掌握常见辣椒病虫害的识别方法与防治方法，辣椒草害与鼠害的防治方法。
3. 理解如何高效、安全、经济地科学施用化学药剂。

第一节　农业防治

农业防治是指利用农业生态系统中有害生物（有益生物）、作物、环境三者之间的关系，在农作物的整个生产过程中，结合一系列耕作栽培管理措施，有目的地改变有害生物的生存环境，使之不利于有害生物的发生发展，而不影响或有利于农作物的生长发育。

一、选择抗虫抗病品种

品种防治是利用植物的抗病性或抗虫性，来防治病虫害的发生发展。选择辣椒抗虫抗病品种是防治病虫害最重要的一步，尤其是在大面积种植时。

二、栽培措施防治

首先，要合理规划作物的布局和轮作。辣椒是茄科植物，为预防病毒病的传播，不宜采取连作或单作制度。其次，要合理灌溉与施肥。合理灌溉、排水，平整土地，排水防渍，排灌结合，可实行高垄、高畦栽培。另外，还应加强田间管理，清洁田园是防治病虫害的有效措施之一。

第二节　生物防治

生物防治是指利用生物或其产物控制有害生物的方法。首先，保护利用自然天敌昆虫。辣椒害虫的天敌主要有捕食性蜘蛛、瓢虫、草蛉、螳螂等。合理施用农药，避免使用广谱性农药造成对天敌昆虫的杀伤。对利用价值很高的天敌昆虫，可以采取人工引进、饲养和释放技术，加大当地天敌昆虫的种群。其次，利用微生物防治。微生物防治主要是利用有益的微生物，通过生物间的竞争作用、抗生作用、寄生作用、溶菌作用及诱导抗性等，来抑制某些病原物的生存和活动。例如，农用链霉素可以有效地控制辣椒疫病；枯草芽孢杆菌对辣椒炭疽病具有良好的防治效果。最后，利用生物源农药防治。利用昆虫不育原理，应用 BT 乳剂防治食叶性害虫，具有较好的防治作用。此外，拟除虫菊酯类农药、烟碱类农药、鱼藤酮等大多数生物源天然产物农药对哺乳动物毒性较低，对环境的压力较小，适用于无公害蔬菜的生产。

第三节　物理防治

一、种子消毒

有一些辣椒病原物黏附于种子表面或在种子里面越冬，在播种前通过温汤浸种和干热处理可以有效地杀死种子所带的病菌和虫卵，起到减轻病虫害的作用。

二、土壤消毒

在温室、塑料大棚里，可利用烧土、烘土、热水浇灌、土壤水蒸气、日晒闷棚等措施进行土壤灭菌。用塑料薄膜覆盖土壤时，土壤吸收太阳能而升温，可以杀死土壤病菌、部分杂草种子、线虫和部分土壤害虫等。若覆盖黑色地膜，效果更好。

三、利用害虫的习性防治

利用蚜虫的趋光性，使用铝银灰色或乳白色反光塑料薄膜对避蚜传毒也有效果；蚜虫和温室白粉虱对黄色有趋性，可以利用黄板、黄皿诱集；利用小地老虎对糖醋酒液的趋性进行诱杀。多数夜间活动的昆虫具有趋光性，可被特定波长的灯光诱引，黑光灯诱虫效果较好。

第四节　化学药剂防治

化学药剂防治是应用化学农药来防治害虫、害螨、线虫、病原菌、杂草及鼠类等有害生物，来保护农、林业生产。农药的使用要遵循高效、安全、经济、简便的原则，最大限度地发挥农药的作用，减少农药的负面影响。要科学施用农药。

一、根据有害生物的特性合理选用农药

选用农药时，除了要根据有害生物的类别选用相应的药剂种类外，还应根据有关资料及当地的试验结果来选用农药种类。化学农药的长期不规范使用，使许多有害生物均不同程度地产生抗药性，在这种情况下，任何新农药的选用和推广均需经过预试或示范试验。

二、农药特性的充分发挥和利用

在农业生产中，应根据有害生物的发生发展、植物种类及其生长阶段和环境条件等因素，有针对性地选用适当的农药剂型。选择适当的药剂攻击有害生物生长发育过程中最脆弱

的时期和环节就是施药适期。

三、利用农药的选择性

农药的选择性包括对防治对象活性高，但对高等动物的毒性小，和对不同昆虫虫种具有选择性。

四、影响农药效果的环境因素

影响农药效果的环境因素主要有温度、湿度、光照、风、雨、土壤性质及作物长势等。温度对农药的效力影响较大，特别是杀虫剂；湿度对农药防治效果的影响较小，也很复杂。光照与温度相关，但大部分农药均可不同程度地被光分解，甚至失效。风和雨均可影响农药的使用操作、滞留量和持效期。

五、农药的安全使用

农药是一类生物毒剂，大多数农药对高等动物有一定的毒性，所以，从事农药工作的人员应熟悉有关内容并严格遵守，以防中毒事故发生。要适时适量地使用农药，以防过量的农药残留对周围环境的污染。

第五节　辣椒主要病害及其防治技术

一、辣椒真菌性病害

1. 猝倒病

（1）症状。猝倒病又名绵腐病，为辣椒苗期重要病害。辣椒播种以后，由于病菌的侵染，常造成胚芽和子叶变褐腐烂，致使种子不能萌发，幼苗不能出土。当幼苗出土以后，子叶基部受病菌侵染呈水渍状，呈淡黄褐色，无明显边缘，之后逐渐失水变细，成为线状，由于不能承受上部子叶的重量而猝然折倒，但子叶在短期内仍保持绿色。苗床湿度大时，在病苗及其附近床面上常可见到一层白色棉絮状菌丝，如图 7-1 所示。

（2）防治方法。①育苗床消毒，每平方米床土用 50% 多菌灵或 50% 托布津 8~10 g 拌入 10~15 g 干细土中，用 80% 作垫土，20% 作盖土；②发病时，苗床内撒干细土或草木灰，以减轻湿度，防止病害蔓延；③防止苗床低温高湿，注意通风。

2. 立枯病

（1）症状。立枯病俗称死苗、霉根，是辣椒苗期常见病害。此病一般发生在辣椒真叶出现以后，受害幼苗茎基部产生椭圆形暗褐色病斑，明显凹陷。发病初期病苗白天萎蔫，晚上恢复；当病斑继续扩大绕茎 1 周时，幼苗茎基部收缩干枯，叶色变黄凋萎，根部变褐腐烂，直至全株死亡。由于此病发生在茎部木栓化以后，一般不倒伏，故叫做立枯病。湿度高时，茎基部可见淡褐色蛛丝霉状物（与猝倒病区别的重要特征）。

图 7 − 1　辣椒猝倒病

（引自中国农业植保网）

（2）防治方法。①苗床消毒（参看猝倒病的防治方法）；②不使用未腐熟的农家肥；③加强苗期管理，保证苗床通风透气；④可喷 75% 百菌清或 70% 敌克松 600 倍液预防，发病后撒草木灰或干细土并清除病苗。

3. 疫病

（1）症状。疫病是辣椒生产上的重要病害之一。疫病从苗期至成株期都可发生。辣椒苗期被害，茎基部呈暗绿色水渍状，后形成梭形大斑，缢缩变细，茎叶急速萎蔫后死亡。成株期被害，茎枝病部开始变为淡褐色水渍状，边缘不明显，后变为黑褐色，逐渐向周围扩展而包围茎部。病斑凹陷或稍缢缩，病部以上的枝叶很快枯萎，潮湿时，表面易腐烂，并长出白色粉状霉层。叶片受害时，病斑呈水渍状，后扩展成近圆形或不规则形大斑。病斑边缘呈黄绿色，中间呈褐色，病叶转为黑褐色后枯缩、脱落。果实多在蒂部先发病，病部初为水渍状软腐，迅速向果面和果柄发展。病果由淡褐色变为黑褐色，有时产生深褐色同心轮纹。病果开始只是果肉腐烂，表皮不破裂也不变形，最后脱落。如遇晴天，果实变成黑色僵果，悬挂枝上；如遇潮湿天气，病果上可产生较薄的白色粉状霉层，后变为灰色天鹅绒状，如图 7 − 2 所示。

图 7 − 2　辣椒疫病

（引自中国农业植保网）

（2）防治方法。①选用抗病品种；②实行轮作（3年以上）；③培育无病壮苗（漂浮育苗）；④避免田间积水，注意排水，控制田间湿度，雨后及时清除发病中心；⑤畦面覆盖地膜或稻草；⑥用25%甲霜灵或杀毒矾500倍液浇根和喷洒地面及叶片，每7~10天全株喷药1次，共2~3次。

4. 炭疽病

（1）症状。炭疽病在苗期和成株期均有发生，危害叶、茎和果实。叶片受害，病斑初为水渍状褪绿斑点，后发展成为边缘深褐色、中央灰白色圆形病斑。病斑上轮生小黑点，病叶易干缩、脱落。茎和果梗染病时，可出现不规则褐色病斑，稍凹陷，干燥时容易裂开。果实受害，开始产生水渍状黄褐色近圆形或不规则形的病斑，继而稍凹陷，中央灰褐色，上有隆起的同心轮纹，轮纹上密生小黑点。干燥时，病斑干缩似羊皮纸状，易破裂；潮湿时，病斑溢出淡红色黏稠物质，如图7-3所示。

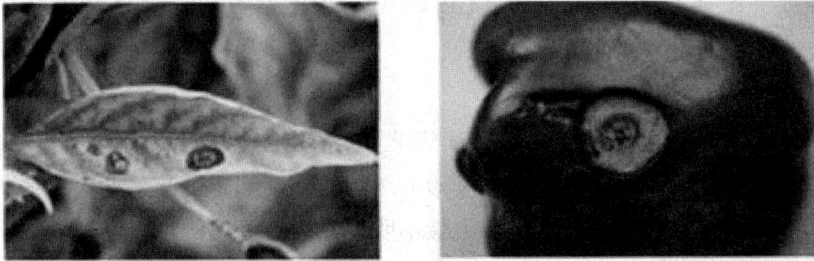

图7-3 辣椒炭疽病
（引自中国农业植保网）

（2）防治方法。①选用抗病品种和无病种子；②用冷水浸种4~5分钟，再投入1%硫酸铜溶液内15分钟；③防止果实在强烈的阳光下曝晒；④发病前后用50%托布津500~800倍液，50%多菌灵可湿性粉剂800~1 000倍液，70%代森锰锌可湿性粉剂600~800倍液喷药2~4次。

二、辣椒细菌性病害

1. 细菌性叶斑病

（1）症状。辣椒细菌性叶斑病主要危害叶片，引起落叶、早衰，最终导致严重减产。该病各地均有发生，由于它易与疮痂病混淆，常被人们所忽视。叶片初发病时，出现水渍状褪绿小点，后逐渐变为褐色至铁锈色，叶斑叶间凹陷变薄，边缘不隆起（以此特点可与疮痂病相区别），严重时穿孔、落叶甚至全株死亡，如图7-4所示。

（2）防治方法。①种子消毒，温汤浸种后用1%硫酸铜溶液浸泡5分钟或用1:10农用链霉素液浸种30分钟后催芽；②合理轮作；③加强田间管理，注意保护地的通风降温，防止高温高湿，及时清除病株；④发病初期喷洒72%农用链霉素4 000倍液，或新植霉素4 000~5 000倍液，每7~10天喷1次，持续3~4次。

图7－4　辣椒细菌性叶斑病
（引自中国农业植保网）

2. 疮痂病

（1）症状。疮痂病是一种常见的细菌性病害，苗期和成株期均可发病。疮痂病主要发生在叶和茎上，有时也危害果实。叶片染病时，初期出现水渍状黄绿色小斑点，扩大后呈不规则形。病斑边缘呈暗绿色，稍隆起；中间呈淡褐色，稍凹陷。病斑表皮粗糙，呈疮痂状。受害重的叶片边缘、叶尖变黄，干枯，脱落。如果病斑沿叶脉发生，常使叶片变成畸形，引起全株落叶。茎部和果柄染病，出现不规则条斑、病斑和斑块，颜色暗绿色，逐渐木栓化或纵裂，呈疮痂状。果实被害，开始有褐色隆起的小黑点，随后扩大为稍隆起的圆形或长圆形的黑色疮痂病斑。潮湿时，疮痂中间有菌液溢出。辣椒幼苗染病时，子叶上出现水渍状的银白色小斑点，后变为暗色凹陷病斑，发病严重时常引起幼苗全株落叶，最终导致植株死亡，如图7－5所示。

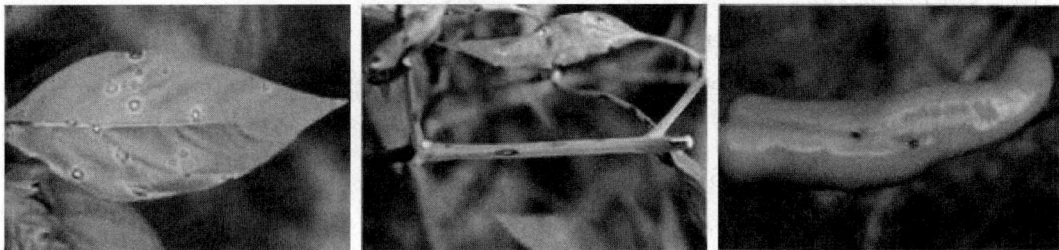

图7－5　辣椒疮痂病
（引自中国农业植保网）

（2）防治方法。参照辣椒细菌性叶斑病的防治方法。

三、辣椒病毒性病害

1. 症状

辣椒病毒性病害（简称辣椒病毒病）是近年来辣椒最普遍的病害之一。根据我国近年鉴定的结果，辣椒病毒病的病毒主要是黄瓜花叶病毒（CMV）与烟草花叶病毒（TMV）。

（1）花叶。叶片出现不规则深绿与淡绿相间的花斑。田间检查时，首先看心叶是否出现花叶，如果心叶出现花叶，说明植株已感染病毒。花叶不皱缩变形的称为轻花叶，严重皱缩变形的称为重花叶。

（2）蕨叶。叶片变小、卷缩、扭曲，丛生现象严重。

（3）明脉。叶脉颜色变淡，呈半透明状。

（4）矮化。植株变矮，常伴随蕨叶丛生同时发生。

（5）黄化。叶片变为黄色，田间分布不均匀，并有落叶现象。

（6）顶枯。顶部枯死后变褐色，叶片脱落，如图7－6所示。

图7－6　辣椒病毒病
（引自中国农业植保网）

2. 防治方法

（1）选择通透性良好的沙壤土，高畦窄垄栽培。

（2）3年以上轮作。

（3）种子用10%磷酸钠消毒。

（4）苗期做好诱蚜工作。当幼苗出土后，用纱网小拱棚笼罩，并喷洒农药消灭翅蚜，防止传毒。

（5）发病初期每亩喷洒1.5%植病灵乳液60～120 mL、20%盐酸吗啉胍铜可湿性粉剂400～600倍液。

四、辣椒生理性病害

1. 日灼病

（1）症状。日灼病主要发生在果实上，果实向阳部分褪色变硬，呈淡黄色或灰白色，病斑表皮逐渐失水变薄，容易破裂，后期容易被其他病菌腐生，长一层黑霉或腐烂，如图7－7所示。

（2）防治方法：①防止落叶，减少青果暴晒；②及时浇水保墒。

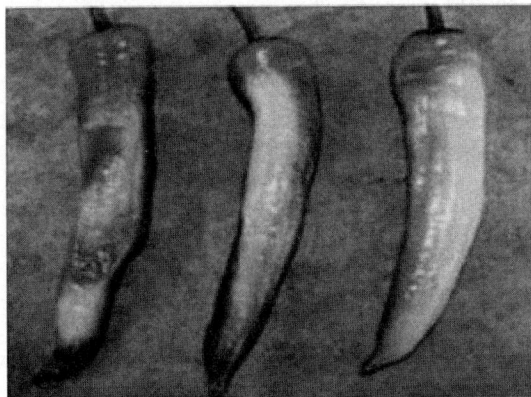

图7 - 7　辣椒日灼病

（引自中国农业植保网）

2. 缺素症

（1）症状。

① 缺氮（N）。辣椒幼苗缺氮时，植株生长不良，淡黄色，矮小，停止生长。成株期缺氮，全株叶片呈淡黄色（病毒黄化为金黄色）。

② 缺磷（P）。苗期缺磷时，植株矮小，叶色深绿，自下而上落叶，叶尖变黑枯死，生长停滞，早期缺磷一般很少表现症状。成株期缺磷时植株矮小，叶背多呈紫红色，茎细、直立、分枝少，延迟结果和成熟。

③ 缺钾（K）。缺钾多表现在开花以后，发病初期下部叶尖开始发黄，然后沿叶缘在叶脉间形成黄色斑点，叶缘逐渐干枯，并向内扩展至全叶呈灼伤状或坏死状，果实变小。叶片症状从老叶到新叶、从叶尖向叶柄发展。

（2）防治方法。及时补充速效氮、磷、钾肥料。

第六节　辣椒主要虫害及其防治技术

一、辣椒虫害

1. 烟青虫

（1）识别特征与危害特征。烟青虫的成虫为黄褐色蛾子（体长14～18 mm），前翅长度短于体长，翅上有肾状纹、环状纹，且各条横线较清晰。其卵呈半球形，稍扁，乳白色，纵棱一长一短，呈双序式，卵孔明显。老熟幼虫头部呈浅褐色，体呈黄绿色或灰绿色，长约40 mm，体表光滑，体背有白色点线，各节有瘤状突起，上生黑色短毛，如图7 - 8所示。

（2）防治方法。①黑光灯诱；②翻耕、整枝、摘除虫果；③药剂防治为：在烟青虫3龄幼虫前进行防治效果好，用20%氯氰乳油2 000～4 000倍液、25%西维因500倍液、

0.3% 印棟素乳油和 BT 乳剂 200~400 倍液。

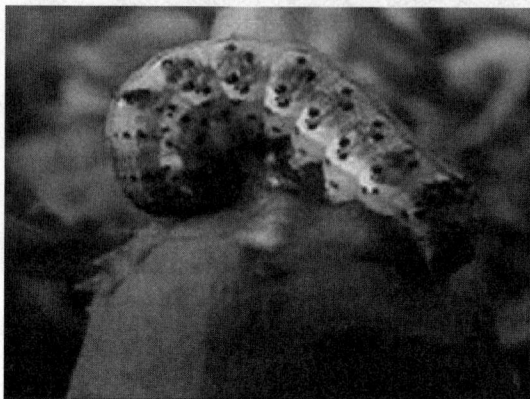

图 7 - 8 烟青虫
（引自中国植物病虫图谱网）

2. 棉铃虫

（1）识别特征与危害特征。棉铃虫的成虫为灰褐色中型蛾，体长 15~20 mm；前翅外横线外有深灰色宽带，带上有 7 个小白点，肾纹、环纹暗褐色；后翅灰白，沿外缘有黑褐色宽带，宽带中央有 2 个相连的白斑；后翅前缘有 1 个月牙形褐色斑。老熟幼虫头部呈褐色，体色具黑色、绿色等多种颜色。幼果常被吃空或腐烂而脱落，成果虽然只被蛀食部分果肉，但因蛀孔在蒂部，常导致雨水、病菌流入引起腐烂，如图 7-9 所示。

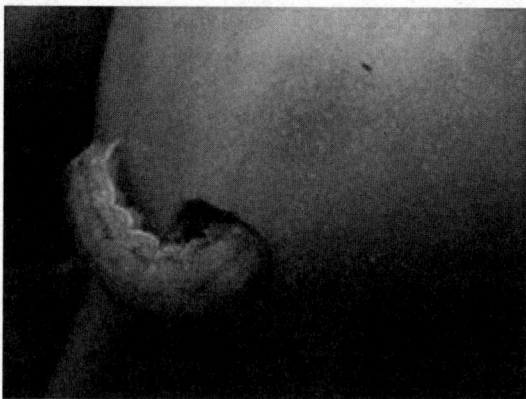

图 7-9 棉铃虫
（引自中国植物病虫图谱网）

（2）防治方法。参照烟青虫的防治方法。

3. 蚜虫

（1）识别特征与危害特征。危害辣椒的蚜虫主要是桃蚜和瓜蚜。蚜虫喜欢群居在叶背、花梗或嫩茎上（图7-10），吸食植物汁液。被害叶片变黄，叶面皱缩卷曲。嫩茎、花梗被害呈弯曲畸形，影响开花结实，使植株生长受到抑制，甚至死亡。蚜虫还可传播多种病毒病，由黄瓜花叶病毒引起的辣椒病毒病主要由蚜虫传播。

图7-10　蚜虫
（引自中国植物病虫图谱网）

（2）防治方法。由于蚜虫繁殖快、蔓延迅速，必须及时防治，一般采用药剂防治。除在喷药时要周到细致之外，在用药上应尽量选择具有触杀、内吸（胃毒）、熏蒸三重作用的农药，如辟蚜雾50%可湿性粉剂2 000～3 000倍液。此外常用药剂有20%吡虫啉、3%啶虫脒。

4. 地下害虫

（1）识别特征与危害特征。辣椒在播种期或幼苗期往往遇到地下害虫的危害，主要有蛴螬（金龟子幼虫）、蝼蛄、地老虎等（图7-11～图7-13）。这些害虫一般在地下深层越冬，经常在苗床中啃食萌发的种子，或将幼苗近地面的根茎咬断，致使幼苗死亡，导致缺苗断垄。地下害虫一般都喜温暖潮湿的环境条件，故在潮湿的土壤中危害更重。

图7-11　蛴螬

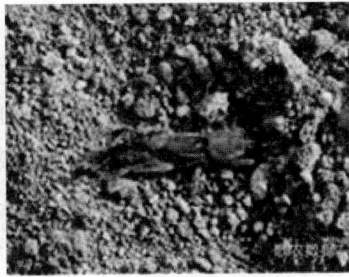

图7-12　蝼蛄
（引自歌农数据）

图7-13　地老虎

（2）防治方法。对于危害严重的地块，播种或移植前可每亩施用5%敌百虫粉剂2 kg、5%西维因粉剂2 kg，在土表喷撒，随耕作翻入土中。辣椒出苗后，可用10%吡虫啉可湿性粉剂1 000倍液、90%晶体敌百虫1 000倍液灌根。

二、螨类

1. 茶黄螨

（1）识别特征与危害特征。茶黄螨的成螨和若螨集中在幼嫩部分刺吸危害。受害叶片背面呈灰褐色或黄褐色，具油质光泽或油浸状，叶片边缘向下卷曲（图7-14）。嫩茎、枝、果变黄褐色，扭曲畸形，严重者植株顶部干枯。受害花和蕾，重者不能开花坐果，或果实木栓化，丧失光泽成锈壁果。由于螨体极小，一般肉眼难以观察识别，所以开始往往容易被误认为是生理病害或病毒病。雌螨体长约0.21 mm，椭圆形，淡黄至橙黄色，半透明，足5对、较短。雄成螨体近似六角形，末端圆锥形，比雌螨小，体长约0.18 mm，淡黄至橙黄色，半透明，足较长而粗壮。

图7-14 茶黄螨危害症状
（引自中国植物病虫图谱网）

（2）防治方法。①清除田园；②药剂防治可用1.8%阿维菌素（齐螨素、新科等）3 000倍液、15%扫螨净乳油2 000倍液、35%杀螨特乳油1 000倍液等药剂进行防治。喷药时，重点喷洒植株上部的幼嫩部位。

2. 叶螨类

（1）识别特征与危害特征。叶螨类俗称红蜘蛛（图7-15）。危害蔬菜的叶螨主要有三种：硃砂叶螨、截形叶螨和二斑叶螨。叶螨的成螨、若螨群聚在植物叶片背面吸取叶液，使叶片受害。早期症状为叶片背面出现褪绿斑点、黄白小点，呈网状斑纹；危害严重时，斑点变大，叶渐渐变黄、脱落。叶螨危害常引起植株的早衰，使产量大减。果实受叶螨危害时，亦出现褪绿斑点，影响果实的品质及外观。

（2）防治方法。叶螨类的防治方法同茶黄螨。

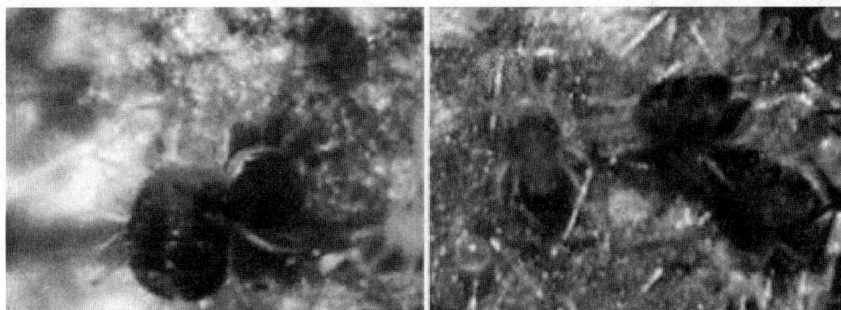

图 7 –15　叶螨

（引自中国植保植检网）

第七节　辣椒鼠害和草害及其防治技术

一、　辣椒鼠害及其防治技术

防鼠、灭鼠时要考虑到对人、畜和环境的安全。利用物理学的原理制成捕鼠器械灭鼠，包括压、卡、关、夹、翻、灌、控、粘和枪击等，常见的有鼠夹、鼠笼等。

投放前要踏勘田块和了解室内害鼠活动情况。一般进出水口处、鼠洞、渠道两旁、水沟、田埂两边、高地（坟地）四周、草堆、屋前屋后、池塘附近和室内害鼠经常出没的地方，是毒饵投放的重点。防治鼠害通常采用一次性饱和投饵法。一般农田每亩毒饵投放量为：氯敌鼠钠盐 50 ~ 100 g，沿田埂沟边每隔 10 m 左右投放 1 堆，每堆 5 g。室内每间房（15 m^2）投放 2 ~ 3 堆，每堆 5 g。由于不同地区间和室内外害鼠数量差异较大，统一投放的毒饵还需及时添补。添补原则为"吃多少补多少"，一般多吃多补，少吃少补，不吃不补，吃光加倍进行投放。坚持连续补投 2 ~ 3 次。

国家禁止使用的剧毒急性鼠药有毒鼠强（424）、氟乙酰胺、氟乙酸钠、毒鼠硅、甘氟等，它们不仅对人、畜和生态安全造成极大的危害，而且灭鼠效果并不好。

二、辣椒草害及其防治技术

杂草应当综合防治，既要注重病、虫、草害综合防治，又要有农业防治、杂草检疫、化学、物理等综合措施。

1. 预防措施

严格检疫制度，清除地内及地边杂草，清洁灌溉水，减少草籽进入农田。

2. 除草措施

合理轮作，阻滞杂草发芽或促进其发芽，消灭杂草。采用耕翻、耙、中耕等措施。

3. 化学除草

化学除草可使用的化学药剂有：50% 大惠利 750~900 g/hm², 兑水 900 kg, 辣椒播后出苗前喷雾。24% 果尔 540~720 mL/hm², 41% 蔬壮 1 号 1.65~2.11 L/hm² 或 41% 蔬壮 2 号 1.35~1.8 L/hm², 兑水 900 kg 在辣椒移植前喷雾。或先整地，以低限量喷药，盖膜，再打洞移植。

复习思考题

一、填空题

1. 农业防治是指利用农业生态系统中有害生物（有益生物）、作物、环境三者之间的关系，在农作物的整个生产过程中，结合一系列耕作栽培管理措施，有目的地改变有害生物的_____，使之不利于有害生物的发生发展，而不影响或有利于农作物的生长发育。

2. 生物防治是指利用生物或其产物控制_____的方法。生物防治首先要保护利用自然天敌昆虫，辣椒害虫的天敌主要有捕食性蜘蛛、瓢虫、草蛉和螳螂等。

3. 植物化学药剂防治，是应用_____来防治害虫、害螨、线虫、病原菌、杂草及鼠类等有害生物，保护农、林业生产的一门科学。

4. 辣椒真菌性病害主要有猝倒病、_____、_____、炭疽病。

5. 辣椒细菌性病害主要有_____。

二、名词解释

农业防治   生物防治   植物化学防治

三、简答题

1. 农业防治病虫害的方法有哪些措施？

2. 生物防治病虫害包括哪些方面的内容？

3. 物理防治病虫害的方法有哪些？

4. 如何科学地使用农药？

四、论述题

如何结合各种防治方法防治本地辣椒的主要病虫害？

第八章　辣椒加工、贮藏与运输

1. 了解辣椒食品的加工方法以及辣椒采收后的贮藏、运输等知识。
2. 掌握鲜辣椒贮藏的基本条件及辣椒采收后的生理变化（辣椒的后熟过程）。
3. 掌握辣椒贮藏方式及管理措施等知识。
4. 重点掌握辣椒贮藏方式、管理措施以及辣椒在贮藏过程中的主要病害与防治措施。

第一节　辣椒的加工

辣椒的加工一般是指对辣椒进行粗加工和深加工。粗加工是对辣椒进行简单地挑选、分级、包装等。深加工是指用不同的方法对辣椒进行处理，加工成为辣椒食品以及进行辣椒碱、辣红素的提取等。现简单介绍部分辣椒食品的加工方法。

一、鲜辣椒的加工

鲜辣椒是指辣椒商品性成熟，达到制作辣椒食品的需求时采收下来的辣椒。鲜辣椒根据不同的用途及时采摘下来进行加工。现在介绍几种鲜辣椒食品的加工方法。

1. 辣椒干

辣椒干（贵州称干辣椒）的加工方法有自然干燥法和加温干燥法。

（1）自然干燥法。把采后的辣椒在晒谷坪上摊晒，水分蒸发到10%以下即可保存，若回潮后可再翻晒一次。

（2）加温干燥法。把采后的辣椒放在竹筛里摊平，放入烘房，保持40 ℃ ~ 50 ℃，直到烘干为止。

2. 泡鲜辣椒

原料：辣椒、大蒜、姜、花椒、白酒、白醋、糖。

制作方法：按照泡鲜辣椒的标准及时将采摘的鲜辣椒进行挑选，用剪刀剪去果柄，选取符合要求的鲜辣椒洗净晾干外表水分；再烧开水，添加少许盐，将辣椒稍微过一下水，捞起备用；准备好瓶子或坛子，装小半瓶烧开的水，再加上凉水，再放入辣椒；加入大蒜、姜块和花椒，再加入高度白酒和白醋（用量可根据自己的需要），不够水位的可多加些白醋，盐少许，糖少许，搅拌均匀；将辣椒压下水面，以防止辣椒向上浮起露出水面。此时须注意：

若没有去除辣椒蒂，则需要用针将辣椒扎一些小洞，以利于酒充分进入辣椒。处理完后密封，隔绝空气，避免泡椒变质。经过大概一个月到一个半月的时间，就可以取出食用。

3. 辣椒酱

辣椒酱食用方便、制作简单，制作时可以根据自己的口感来添加不同佐料。

原料：红辣椒、大蒜、食盐、白酒。

制作方法：将成熟的红辣椒用清水洗净晾干后，放在洗净无油污的案板上剁成碎末，越细越好。辣椒剁细后把辣椒末放入大盆里。按 0.5 kg 辣椒、200 g 大蒜、50 g 食盐、50 ~ 100 g 白酒的比例配料。将大蒜剁碎，再和辣椒末、食盐、白酒放在一起，搅拌均匀。放在阳光下晒 1 ~ 2 天，使它自然酱汁化，然后装入干净的大口玻璃瓶内。在酱面上再放入少量白酒，盖严瓶口，放在通风、阳光充足的地方。切忌搅拌，以免造成酸性变味。

4. 盐渍辣椒

原料：辣椒、大蒜、精细盐、味精、50 度以上白酒。

制作方法：将辣椒洗干净后在太阳下晒至半干，把洗净的辣椒切成圈状或剁碎。把大蒜洗净剥开后切片。再把辣椒和蒜片混合后撒上盐、味精，拌匀。最后，将拌匀的辣椒和蒜片装入密封瓶，再在上面撒一层盐，倒一点高度白酒即可。封存 3 ~ 5 天以后就可以开瓶食用。

5. 剁椒

原料：红辣椒、生姜、大蒜、白酒。

制作方法：将清洗干净的红辣椒沥干水分，摊开晾晒，彻底晾干辣椒表面的水分，或者将辣椒表面的水分擦干。然后把晾干的辣椒去蒂剁碎，不用剁得太细（案板和刀具须提前消毒，并且无油、无水），用量大的可以用剁椒机加工。生姜和大蒜切成碎末。将剁好的辣椒和大蒜末、生姜末放入一个干净、无油、无水的大盆中，加入盐、糖等原料后搅拌均匀。再装入事先用开水烫过且无油、无水的容器中。最后倒入适量的白酒。密封后放在阴凉通风的地方，室温下存放一晚，使其发酵，然后放入冰箱中冷藏或低温处保存 15 天左右就可以食用了。

注意：喜欢吃辣的人可以挑选小红尖椒来做；制作过程中要保证无油、无水，否则容易腐烂；取食剁椒的时候也需要用无水、无油的干净勺子；放酒可以起到增香、防腐的作用。

6. 辣椒脆片

原料：辣椒、白糖、食盐、味精等。

制作方法：选择八九成熟、无腐烂、无虫害、个大、肉实新鲜的青椒和红椒为原料，用清水洗去泥沙及杂物备用。先把辣椒纵向切两半，挖去内部的筋、籽，再用清水冲洗、沥干。将去筋、籽的辣椒切成长 4 cm 左右，宽 2 cm 左右的片状（太长、太宽会变形，在加工过程中都易破碎）。将切好的辣椒投入糖液中浸渍，糖液由 15% 的白糖、2.5% 的食盐及少量的味精混合溶于水制作而成，糖液温度为 60 ℃，浸渍时间为 1 ~ 2 小时。用洁净水把附在辣椒片表面的糖液冲去沥干。将沥干的辣椒片放入铁锅内进行油炸，温度控制为 80 ℃ ~ 85 ℃，油炸时间与辣椒片的品种、质地、油温有关（以看到辣椒片上的泡沫几乎全部消失为止）。有条件的可以用真空油炸机进行。把辣椒片从油锅中捞起，放在筛子上让油滴干，也可以用离心机脱油。将脱油后的辣椒片迅速冷却到 40 ℃ ~ 50 ℃，尽快进行包装。按片形大小、饱满程度及色泽进行分选和修整，经检验合格，在干燥的包装间按一定重量用真空充气包装，即为成品。

二、干辣椒的加工

干辣椒的用途广泛，除人们熟悉的老干妈油辣椒、贵三红油辣椒以外，还可以探索制作成人们喜欢的各种各样的辣椒食品。现简单介绍几种辣椒食品的做法。

1. 糊辣椒

原料：干辣椒、食盐等。

制作方法：把干辣椒进行挑选，去掉霉变的、白壳、黄壳、虫蛀的辣椒，然后把选好的辣椒去除果柄。放在铁锅里加上食盐（用量根据培烤辣椒的量来确定）加热焙烤，用锅铲经常翻转。温度把握在 60 ℃ ~ 80 ℃。辣椒颜色由鲜红变成微微发黑，散发出香味就起锅。待辣椒冷却变脆后，放进一个结实的塑料袋里用手揉碎即可。也可用专门的竹筒绞碎，或者用石臼舂碎，然后舀起来包装，放入食品包装袋，密封。家庭用量不大，可以用手揉碎和竹筒绞碎，但手揉的口感最好。

2. 油辣椒

原料：辣椒粉、胡椒粉、五香粉、芝麻、盐、大蒜泥等。

制作方法：将辣椒粉、胡椒粉、五香粉、芝麻、盐、大蒜泥等混合后放到不锈钢的容器里，其配料的用量根据需要适量添加。烧一锅热油（油要冒烟），关火，静置 1 ~ 3 分钟（降温是关键）。之后将热油徐徐倒入配好的辣椒粉里，边倒边搅拌辣椒粉（要防止容器随着动），搅拌要均匀。制作完成后油应完全淹没辣椒粉。

因添加的配料不同，油辣椒的口味也不一样（鸡丁油辣椒、豆豉油辣椒）。其制作方法大致相同。现简单介绍一下豆豉油辣椒的做法。

原料：辣椒粉 40 g、芝麻 10 g、豆豉 50 g、花生 80 g、植物油 150 mL，花椒、姜、蒜适量，精盐、鸡精适量。

制作方法：在锅中放油烧热，倒油的同时把花生一起下锅（切记：不要等油烧热了才放花生进去，这样会导致花生受热不均匀，外焦内生）。随着油温的升高得配合用锅铲搅拌花生，大概在油烧烫的半分钟之内把火关掉，把花生从油里捞起来晾凉，然后用保鲜膜包起来用刀拍两下，不要太碎。重新开火，待油温升高后将花椒、蒜末、姜末、芝麻放进去炸，用锅铲不断搅拌，待都浮在油面上时，再关火，然后捞起来。已经炸好后如果不关火就会炸老、炸糊、炸焦了，如果不能保证自己捞的速度快过它们被炸焦的速度，还是关火比较保险。把姜、蒜、花椒扔掉，再把火打开，油烧烫，把豆豉放进去，炸到豆豉浮到油面为止，关火。把油和豆豉倒在装着辣椒的不锈钢盆里，边用筷子搅拌，让油均匀地与辣椒混合在一起。把之前炸好拍碎的花生放入辣椒中拌匀，再放入芝麻、盐、鸡精拌匀即可。待冷却下来后，找一个可封口的罐子装进去，盖紧盖子，以保证辣椒的香脆。

3. 辣椒粉

原料：干辣椒、熟芝麻、花椒、八角、桂皮、小茴香。

制作方法：先将干辣椒剪成小段，然后把剪好的干辣椒与花椒、八角、桂皮、小茴香一起翻炒到辣椒脆香，再将炒好的原料晾一会儿，放入研磨杯中，加少许芝麻一起研磨成粉状。等研磨好的辣椒面彻底晾凉以后，装入密封袋保存，避免回潮变质。

三、辣椒的深加工及综合利用

辣椒的深加工主要是指辣椒生化产品的加工。辣椒主要含有辣椒红色素、辣椒碱和辣椒油三种生化物质，其主要用途是用于调味品生产，以及火锅底料、凉菜、休闲食品、方便食品、快餐、微波食品等。辣椒的生化产品用途广泛，综合利用前景广阔。

1. 辣椒红色素的提取

辣椒红色素，别名辣椒色素，分子式为 $C_{40}H_{56}O_3$，主要成分为辣椒红素和辣椒玉红素，是具有特殊气味的深红色黏性油状液体，无辣味，有辣椒的香味，溶于大多数非挥发性油，不溶于水和甘油，部分溶于乙醇，耐热和耐酸碱性较好，对可见光稳定，但在紫外线下易褪色。纯的辣椒红色素为深胭脂红色针状晶体，易溶于极性大的有机溶剂，与浓无机酸作用显蓝色。用在食品添加剂等方面的辣椒红色素为暗红色油膏状，有辣味，无不良气味。辣椒红色素具有不溶于植物油和乙醇、在碱性溶液中溶解性大、耐酸碱、耐氧化等性质，在分离提取时可利用这些性质使辣椒红色素与其他成分分离，而得到纯度较高的提取物。目前常见的提取辣椒红色素的方法大致分为油溶法、溶剂法和超临界流体萃取法三种。

（1）油溶法。油溶法是指在常温下用呈液状的食用油如棉籽油、豆油、菜籽油等浸渍辣椒果皮或干辣椒粉，使辣椒红色素溶解在食用油中，然后通过一定的工艺流程从食用油中提取出辣椒红色素。由于油与色素分离较困难，所以辣椒红色素物质提取率较低，难以得到色价高的产品。

（2）溶剂法。溶剂法是指将去除次品杂质的干辣椒磨成粉后，在一定温度条件下用有机溶剂如丙酮、乙醇、乙醚、氯仿、三氯乙烷、正己烷等进行浸提，将浸提液浓缩得到粗辣椒油树脂，减压蒸馏得到粗制品。但这种粗制品含杂质多，同时还带有辣椒特有的辣味，为此需采用多种改进方法，以消除杂质及异味。其主要方法有：①先将粗制的辣椒油树脂进行水蒸气蒸馏，去除辣椒异味，再用碱水处理、有机溶剂提取、蒸馏得到辣椒红色素；或先用碱水处理辣椒油树脂，然后用溶剂提取，浓缩，添加与油溶法相同的食用油，再用水蒸气蒸馏以除去异味。②在粗辣椒油树脂中加入脂肪醇与碱性物质如甲醇－甲醇钠、乙醇－乙醇钠、正丙醇－正丙醇钠、异丙醇－异丙醇钠、丁醇－丁醇钠等，通过这些碱性物质的催化作用，促使粗辣椒油树脂中的脂肪成分发生酯交换反应，然后蒸馏过量的醇，再将留下的椒渣中加入水或食盐水，用酸调至中性，分层，油层中加入非极性或低极性溶剂，如正己烷、石油醚，析出固体，过滤得到辣椒红色素。该法制出的辣椒红色素质量上乘且无异味。③先以15%～40%的NaOH（或KOH）溶液处理粗辣椒油树脂，使辣椒红色素中的脂肪成分发生皂化反应，再用有机溶剂如丙酮进行提取浓缩，然后用水蒸气蒸馏或在减压下用惰性气体处理即可得到无异味的辣椒红色素。用此法制作辣椒红色素收率高，质量好，生产安全，简便易行。④该方法是以20%的碱性金属化合处理粗辣椒油树脂，然后再加入适量的碱土金属化合物，使其形成一个水溶液体系，该水溶液体系以稀酸在室温下处理，形成盐后过滤，分出固体，水洗，再用有机溶剂提取，减压浓缩可得辣椒红色素，所得的产品质地优良无异味。

（3）超临界流体萃取法。超临界流体萃取法是食品工业新兴的一项萃取和分离技术，与传统的化学溶剂萃取法相比，其优越性是无化学溶剂消耗和残留，无污染，避免萃取物在高温下的热劣化，保护生理活性物质的活性及保持萃取物的天然风味等。该技术是利用超临界 CO_2 作为萃取剂，从液体或固体物料中萃取、分离和纯化物料。国内外的研究结果表明，用超临界 CO_2 流体萃取法脱除辣椒色素中的残留溶剂，制备高浓度辣椒红色素是成功的、可行的。超临界 CO_2 流体纯化辣椒红色素，使产品符合FAO/WHO标准的最佳工艺条件是萃取压力为18 MPa，萃取温度为25 ℃，萃取剂流量为2.0 L/min，萃取时间为3小时。有学者研究表明，精制辣椒红色素时，萃取压力控制在20 MPa下，辣椒红色素的色价几乎不受损失，有机溶剂的残留可以降低 $2×10^{-6}$ 左右，辣椒色素中红色系色素和黄色系色素可以分离开，但未达到期望的完全分离。还有学者认为在小于10.0 MPa压力下可萃取出黄色成分，保留红色素；同时，当压力大于12.0 MPa时，可将粗辣椒油树脂的红色组分基本萃取完全。本法是一种先进的提取方法，但还有待于进一步完善。

2. 辣椒碱的提取

辣椒碱和辣椒二氢碱是辣椒中引起辛辣味的主要化学物质，低浓度的产品形式如辣椒精、辣椒素作为食品添加剂被广泛用于食品工业中。而当它们进一步纯化后，便具有许多生理活性，且具备强而持久的消炎镇痛作用。内服可以促进胃液分泌，增进食欲，缓解胃肠胀气，改善消化功能和促进血液循环。外用可以治疗牙痛、肌肉痛、风湿病和皮肤病等疾病，对治疗神经痛也有显著疗效；用它做成软膏对慢性风湿性关节炎、带状疱疹、跌打损伤等神经痛有显著疗效；对牛皮癣、秃发均有良好的治疗作用；与吗啡合用可以延长镇痛时间，减少成瘾性。在军事上辣椒碱可作为制造催泪弹、催泪枪和防卫武器的主要原料。预计在未来几年内，国内外辣椒碱的应用将会迅速扩大并带来广阔的市场前景。

最早英国学者 D. J. Bennet 等人用色谱、核磁共振等仪器详细分析辣椒碱的化学组成，之后，日本学者 Fukaya 等以乙醇为夹带剂，从辣椒中直接分离到80%左右的辣椒碱。对辣椒碱的提取主要是采用先提取出辣椒有效成分的粗提物——辣椒油精，再用超临界 CO_2 流体萃取法在辣椒油精中萃取分离出辣椒碱和辣椒红素。江苏理工大学学者陈庶来等认为用95%食用乙醇提取辣椒油精比较经济实惠，且生产能力大，无残留溶剂造成的毒性。其工艺流程如下：原料→挑选→清洗→脱水→烘干→去籽、蒂→粉碎→过筛（残渣）→

浸提→过滤→滤液浓缩。最后浓缩液呈红色油脂状，即为辣椒油精，得率为10%。陈庶来通过多次试验认为将提出来的辣椒油精采用超临界 CO_2 流体萃取法萃取，CO_2 萃取以压力控制在 15 MPa，温度为 55 ℃时萃取效果最好。分离时采用常温常压分离，最后辣椒红色素和辣椒碱分离的结果是：当萃取物为淡黄色油状物（含乙醇和水）时，表明红色素未被萃取出来，口尝极辣，经比色法测定辣椒碱含量为2.7%；而萃余物为红色半干粉状物，口尝基本无辣味。将萃取物和萃余物分别进一步脱溶、精制、包装，即得辣椒碱和辣椒红色素产品。

3. 辣椒综合开发利用及其发展方向

辣椒除了上面介绍的几种深加工方法外，还可以加工成各种即食食品，如腌青辣椒、豆瓣辣酱、五香辣椒、辣椒芝麻酱、辣椒糊等。而对红辣椒进行分离提取，除可得到辣椒红色素和辣椒碱等产品外，其提取后的残渣，经农业部食品质量监督检验中心对其主要成分进行检测结果为：每100 g 干辣椒残渣含热量 2 309.4 kJ，蛋白质8.28 g，碳水化合物5.58 g，钙1.48 g，磷58 mg。其蛋白质、矿物质含量通常比水果、蔬菜都高出许多；与谷物相比，其蛋白质含量相近，由此可见辣椒残渣的可食用性和可利用性很高。辣椒残渣经加工后，可制作成辣椒粉、辣椒饼干、辣椒果丹皮以及各种休闲食品。因此对辣椒进行深加工市场潜力巨大。

我国目前辣椒产品加工利用的主要不足在于：①加工规模较小，加工企业场地零星分散，除一部分外资或合资企业外，多数小规模生产企业的产品难以上档次、上水平；②以国内市场为主，以传统的手工业加工食品为主，而出口产品则主要停留在原料或半成品水平上；③辣椒生化产品的开发利用程度不高。

针对上述问题，今后的开发方向应当着重在：①开发利用本国优异的辣椒资源，为国内提供花色品种多、品质优良的加工食品。我国的辣椒资源相当丰富，几乎全国各地都种植，年总产量有上千万吨，而且价格低廉，对辣椒进行深加工、精加工十分有利。通过采用新技术，不断改进提取精制工艺，辣椒产品质量将会明显提高，为我国辣椒深加工及产品出口创造条件。②加强辣椒精深加工产品，尤其是生化产品的开发利用。除食品行业外，也应在化工行业如船舶防锈、防腐剂，以及药品如杀毒、杀菌剂的开发利用上开展研究。

辣椒全身是宝，特别是在深加工过程中可提取纯天然、营养丰富的辣椒红色素等生化产品。据了解，目前我国对辣椒深加工、精加工研究不多，造成很多资源的浪费。我国对辣椒产品的深度开发不够，多年以来一直以出口辣椒干、辣椒油脂等初级产品和半成品为主，经济效益和社会效益都不理想。辣椒深加工和精加工可使辣椒增值一倍、甚至十倍、百倍。德国、美国、日本、加拿大、英国等国家利用从我国进口的辣椒加工成辣椒红色素后返销我国，赚取了我国大量外汇。为了彻底改变这种状况，满足国内市场对辣椒红色素日益增长的需求，提高辣椒产品的出口创汇能力，我国辣椒深加工开发势在必行。我国具有其他辣椒出口国所不具备的优质资源优势，采用同样的生产工艺流程进行加工，可获得质量相对更好的产品，具有极强的市场竞争潜力。所以改进生产工艺，改善设备条件，降低生产成本，增加产出率，提高产品质量是我国辣椒产业发展的基础和生命线。

可以说我国既是一个辣椒红色素生产大国，又是该色素的需求大国。据统计，目前我国年产鲜红辣椒超 1 000 万 t，年出口干红辣椒约 1 万 t，提取辣椒红色素的原料十分丰富。同时我国地域辽阔、资源丰富，且有着几千年食药同源的传统，这又为发展有中国特色的天然营养功能化食品添加剂创造了有利条件。除辣椒红色素可用于食品、药物、化妆品的着色外，其所含有的 β-胡萝卜素，可在着色过程中同时起到添加营养剂的作用，故 β-胡萝卜素也已开始受到食品加工企业和消费者的欢迎，其市场潜力巨大。当前国内企业应采用先进的生产工艺，大力开发包括辣椒红色素在内的辣椒深加工产品，并扩大生产规模以进一步降低生产成本和提高产品质量，提高产品竞争力。这样既可以满足国内市场需求，又可出口创汇，其发展前景十分看好。

第二节　辣椒的贮藏

不同品种的辣椒耐藏性差异很大，要根据辣椒品种的特性、椒果的特征特性，采用不同的贮藏措施。根据辣椒用途的不同，我们可以把辣椒的贮藏分为两类：一类是鲜辣椒的贮藏；另一类是干辣椒的贮藏。无论是鲜辣椒还是干辣椒都要把握好以下几个环节：

一、贮藏前的农业技术措施

1. 贮藏用辣椒品种的选择

辣椒的种类很多，甜椒、泡椒耐藏，尖椒不耐藏。辣椒不同品种的耐藏性差异很大。作为贮藏或长途运输的辣椒在种植或采购时，一定要注意品种的选择。一般角质层厚、肉质厚、色深绿、皮坚光亮的晚熟品种较耐贮藏。由于各地种植的品种差异较大，品种的更新换代速度较快，很难按品种的耐藏性和抗病性来选择贮藏品种。

2. 加强栽培管理和田间病虫害防治

采前因素对果实耐藏性、抗病性有很大影响。果实采收后的生理状态，包括耐藏性和抗病性，是在田间生长条件下形成的。无疑，果实的生育特性、田间气候、土壤条件和管理措施等，都会对果实的品质及贮藏特性产生直接或间接的影响。生长条件不仅影响果实的质量，影响耐藏性及抗病性，还影响产品表面附着或潜伏的病原菌的生长数量，这也是与贮藏有关的一个重要因素。栽培条件的好坏直接影响辣椒的耐藏性。通过田间栽培管理，合理施肥、灌水，注意多施有机肥或复合肥料，控制各种田间病虫害等措施生产出优质耐藏的产品是保证贮藏成功的关键。

病虫害防治必须从田间种植开始，并持续至果实被消费。在采收前的 10～15 天可喷施适当的低毒杀菌剂，如甲基托布津、多菌灵、代森锰锌等，以尽可能消除从田间带来的病菌。

3. 选择适宜采收期

辣椒果实的成熟度与耐藏性有很重要的关系。长期贮藏应选用果实已充分膨大，营养物质积累较多，果肉厚而坚硬，果面有光泽尚未转红的绿熟果；而椒果颜色浅绿、手按感觉软的未熟果及开始转色或未完熟的果实均不宜长期贮藏；已显现红色的果实，由于采后衰老（后熟）很快，也不宜长期贮藏。

辣椒采收季节与耐藏性也有很重要的关系。以晚秋果最耐长期贮藏。选择晚秋果贮藏，还要重视收获前的天气变化，应选择连续晴天的日子采收。秋收果要在霜前收，因为受霜冻或冷害的辣椒不能用于贮藏或长途运输。

4. 采前停止灌水

用于贮藏的辣椒在采收前 5～7 天停止灌水，其耐藏性会大大提高。若采前大量灌水，使辣椒体内的水分和重量增加，但辣椒本身的干物质如糖、维生素、色素等物质没有增加，会导致采收后辣椒呼吸强度提高，水分消耗加快，易发生机械伤害。含水量高也易引起微生物侵染，使辣椒容易腐烂，贮藏过程中的损耗增加。

5. 入藏前精选果实

商品椒采收时应选择充分膨大、果肉厚而坚硬、果面有光泽、健壮的绿熟果或红果；剔除病、虫、伤果。采收要卫生、精细，避免摔、砸、压、碰撞以及因扭摘用力造成的损伤。要避免挑选过程中的指甲伤，装运中的机械伤。采下后最好轻轻放入贮藏专用的周转木箱、塑料箱、纸箱，箱内衬纸或塑料袋，果与果摆放紧密，但不要用手硬塞。

干椒果实采收后要充分晾晒或烘干；要摊放晾晒，果层厚度不超过 10 cm。待果实内的种子响动，果壳捻之破碎时，挑选分级，装袋密闭，保存入库。

二、辣椒采收后的生理变化和贮藏特性

辣椒采收后有一个后熟的过程，果皮由青绿色逐渐转为红色或黄色，由硬变软，种子逐渐成熟。辣椒后熟过程的呼吸高峰不明显或逐渐下降，有少量的乙烯释放或不释放乙烯。收获后的辣椒极易失水，由此使得果梗变干，甚至果实出现干皱萎蔫，所以贮藏时要求保湿。同时，辣椒对水分特别敏感，如果辣椒在贮藏过程中结露、遇雨或灌溉后立即采收贮藏，均会在贮藏中造成快速而毁灭性的腐烂。辣椒在不适宜温度（如 0 ℃～9 ℃）下会产生冷害，其冷害症状可在果皮、种子和花萼三个部位表现。果皮的冷害症状比较复杂，包括果色变暗、光泽减少、表皮产生不规则的下陷凹斑，严重时产生连片的大凹斑，果实不能正常后熟等。另外，受冷害后其抗病力也大大降低，特别是在高湿条件下极易感染黑霉（交链孢菌），造成黑腐病，移入室温中会迅速溃烂败坏。已发生冷害的辣椒在冷库内有时不表现症状，移至室温中 2～3 天后即表现出典型的冷害症状。

辣椒采收后质量变化很快，通常要立即冷藏。在田间温度下，只要拖延几个小时，就会对贮藏质量产生影响，在天气炎热时更为严重。辣椒贮藏病害仅靠冷藏不能完全控制，还需用药剂处理。目前，采用 CT－6 辣椒专用保鲜剂是较理想的选择。

三、辣椒贮藏的基本条件

1. 鲜辣椒的贮藏

（1）温度控制。温度是辣椒贮藏的基本条件。辣椒果实对低温很敏感，低于 8 ℃时易受冷害，而在高于 13 ℃时又会衰老和腐烂。贮藏适温为 8 ℃ ~ 10 ℃。一般夏季辣椒的贮藏适温为 10 ℃ ~ 12 ℃，冷害温度为 9 ℃；秋季的贮藏适温为 9 ℃ ~ 11 ℃，冷害温度为 8 ℃。采用双温（两段温度）贮藏，会使辣椒贮藏期大大延长。

（2）湿度。保证湿度也是辣椒贮藏的重要条件。辣椒贮藏适宜的相对湿度为 90% ~ 95%。辣椒极易失水，湿度过低，会使果实失水、萎蔫。采用塑料密封包装袋，可以很好地防止失水。但辣椒对水分又十分敏感，密封包装中湿度过高，出现结露，会加快病原菌的活动和病害的发展。因此，装袋前需彻底预冷，保持湿度稳定，使用无滴膜和透湿性大的膜（如调湿膜），可以控制结露和过湿。

（3）气体应用。气调贮藏是提高辣椒保鲜效果的好方法。辣椒气调贮藏适宜的气体指标一般为：氧气 2% ~ 7%，二氧化碳 1% ~ 2%。包装内过高的二氧化碳积累会造成萼片褐变和果实腐烂。目前，国内外多采用 PVC 或 PE 塑料小包装进行气调冷藏，但贮藏中二氧化碳浓度往往偏高，需用二氧化碳吸收剂降低其浓度。

（4）防腐。辣椒的防腐处理分为两个时段：一是采前 10 ~ 15 天的果实防腐；二是采后入藏贯穿整个贮藏期的防腐。辣椒的防腐部位主要集中在果梗和果实受伤部位。辣椒贮藏必须做好防腐处理，否则将会造成大量腐烂。即便采收后的辣椒立即放在适宜的温度下也只能是较短期存放，如要长期贮藏必须在入藏时进行防腐。可以说，防腐和其他贮藏条件相结合，是辣椒贮藏中不可分割的重要环节。

鲜辣椒采收后，保持适温、防止失水、控制病害、避免二氧化碳伤害是辣椒贮藏技术的关键。

2. 干辣椒的贮藏

干辣椒应贮藏在清洁卫生、阴凉、干燥、通风，具有防尘、防蝇、防虫、防鼠的仓库内，严禁与有毒、有害、有异味、易腐蚀的物品混合贮存。产品应离墙离地 20 cm 以上，分类堆放。干辣椒的贮藏要求简单，没有鲜辣椒的贮藏要求严格。辣椒采摘后及时晾晒或进行烘干，待辣椒干到用手摇辣椒籽粒响动，轻捻辣椒果皮容易破碎时，可装入聚乙烯塑料袋密封，放入库房在室温下保存或者直接放入节能机械冷库进行贮藏。注意：塑料袋必须要密封好，不能透气。

四、辣椒的贮藏方式与管理措施

1. 贮藏方式

辣椒的民间贮藏方式很多，如缸藏、沟藏、窖藏等。这些方式主要是利用秋冬自然低温和一些简单的设施进行贮藏，具有简便易行、成本低廉的优点。但受地区和季节的限制，而且由于温湿度等条件不易控制，损耗较大，一般仅适于一家一户的小规模贮藏。近年来传统的窖藏有了较大的改进，并发展了节能微型机械冷库贮藏以及透气膜小袋自发气调贮藏等新技术。这些方式由于能够较好地控制温度、湿度和气体等条件，不受季节和地区的限制，贮藏效果好，但投资大一些。

2. 管理措施

辣椒进入贮藏室以后，其管理措施也十分重要。在整个辣椒的贮藏期间应注意以下几个环节的管理：①选择防腐保鲜剂；②选择简易气调保鲜膜；③采前喷一次防腐药剂；④适时采收，注意采前农业措施；⑤贮前进行冷库消毒；⑥及时入贮；⑦合理摆放；⑧控制温度；⑨控制湿度；⑩简易气调管理；⑪合理使用防腐保鲜剂。

五、贮藏主要病害及防治措施

辣椒贮藏时期的病害主要是指鲜椒贮藏的病害，干辣椒贮藏时期由管理不善带来的霉变及虫蛀等。现在主要介绍鲜辣椒贮藏期间的主要病害及防治措施。

1. 鲜辣椒贮藏的病害

鲜辣椒贮藏的病害主要有灰霉病、根霉腐烂病、果腐病（交链孢腐烂病）、炭疽病、疫病和细菌性软腐病等。其中真菌病害发生最多的为灰霉病、根霉腐烂病和果腐病等，细菌病害为软腐病。

辣椒灰霉病，发病初期在果实表面出现水浸状灰白色褪绿斑，随后在其上面产生大量土灰色粉状物，病斑多发生在果实肩部。

辣椒根霉腐烂病可引起果实软烂。病菌从果梗切口处侵入，病果多从果柄和萼片处开始腐烂，并长出污白色粗糙疏松的菌丝和黑色小球状孢子囊。

辣椒果腐病是在果面产生圆形或近圆形凹陷斑，有清晰的边缘。病斑上生有绒毛状黑色霉层。

辣椒软腐病在发病初期产生水浸状暗绿色斑，后变为褐色，有恶臭味。

2. 防治措施

贮藏环境的温湿度条件及管理不当造成的冷害和气体伤害等都是促成发病的因素。这些病害的防治措施与这些因素密切相关。

（1）田间防病和正确采收。采后贮藏病害与田间病害是同一病原菌，如灰霉病、果腐病、疫病、炭疽病和软腐病等。发生这些病害的地块收获的果实往往带有大量病菌，或在田间就已感病，虽然收获时看不出来，但很可能病菌已侵入只是暂时处于潜伏状态，这种果实在采收之后会大量发病。另外，像根霉腐烂病是在田间不致病，只在采后引起腐烂的病害，其病原菌在田间也可大量繁殖。因此，田间防病和杀菌的各种措施对减少采后椒果腐烂都很有效。

上述病害中，很多病原菌是在果体有伤口时才能侵入，因此避免机械损伤是有效的防病措施之一。采收时用剪刀或刀片剪断果柄，使切口平滑整齐，容易愈合，可减轻发病。

（2）环境消毒。仓库、采收器具、果筐、果箱都可能是侵染源，所以在使用之前都要进行消毒。常用的环境消毒剂有硫黄和漂白粉等。

（3）贮藏期间的药剂处理。在贮藏过程中病菌大量生长繁殖，危害受伤或逐步衰老的果实。使用 CT-6 辣椒专用保鲜剂，可有效地抑制各种微生物生长繁殖，大大降低果实腐烂率。

第三节　辣椒的运输

辣椒种植采收后要涉及运输的问题，下面简单介绍鲜椒、干椒及辣椒食品的运输方法及应注意的事项。

一、鲜椒的运输

商品椒采收后，及时挑选，剔除病、虫、伤果，避免摔、砸、压、碰撞使辣椒损伤，在装运中注意避免机械损伤。最好轻轻放入贮藏专用的周转木箱、塑料箱、纸箱，箱内衬纸或塑料袋，果与果摆紧，不要用手硬塞挤压。

注意：①辣椒一定要是当天采摘的，保持蒂部是鲜青色；②冷库 1 ℃ ~ 5 ℃预冷，降低辣椒温度；③装车后要用保温的材料遮盖或者用冷藏车运输。

二、干椒的运输

采收后及时晾晒或烘干的干辣椒，达到商品使用的标准后进行包装运输。干辣椒运输一般用单层麻袋或聚乙烯塑料袋密封包装，但以单层麻袋运输效果较好，干辣椒存储用聚乙烯塑料袋密封包装效果最佳。但由于麻袋价格太高，现在都是散放存储，运输时改用化纤袋。化纤袋由于透气性差不能长期存放干辣椒，只能作为运输使用。

产品在运输过程中应轻装轻卸，注意防雨、防潮、防晒，运输工具应清洁、干燥，不得与有毒、有害、有腐蚀性、有异味物品混装混运。

三、辣椒食品的运输

辣椒食品的运输执行标准为 NY/T 1056—2006《绿色食品贮藏运输准则》。

复习思考题

一、填空题

1. 辣椒的加工一般是指对辣椒进行_____和_____。前者是对辣椒进行简单挑选、分级、包装等。后者是指用不同的方法对辣椒进行处理，加工成为辣椒食品以及进行辣椒碱、辣红素的提取等。

2. 辣椒干（贵州称干辣椒）的加工方法有_____和加温干燥法。

3. 辣椒的深加工主要是指辣椒生化产品的加工，辣椒主要含有辣椒碱、_____和辣椒油三种生化物质。

4. 辣椒红色素的提取方法有三种：油溶法、_____和超临界流体萃取法。

5. 辣椒碱和辣椒二氢碱是辣椒中引起_____的主要化学物质。

6. 我国目前辣椒产品加工利用的主要不足在于_____，加工企业场地零星分散，除一部分外资或合资企业外，多数小规模生产企业的产品难以上档次、上水平。以_____，以传统的手工业加工食品为主，而出口产品则主要还停留在原料或半成品水平上。_____的开发利用程度不高。

7. 不同品种的辣椒耐藏性差异很大，根据辣椒品种的特性，椒果的特征特性，采用不同的贮藏措施。根据辣椒用途的不同，我们可以把辣椒的贮藏分为两类：一类是_____；另一类是干辣椒的贮藏。

8. 辣椒贮藏前的农业技术措施有贮藏用辣椒品种的选择、加强栽培管理和田间病虫害防治、_____、采前停止灌水、入贮前精选果实。

二、思考题

1. 试述辣椒食品加工的方法（试举一例说明）。

2. 简述辣椒红色素提取的方法。

3. 简述鲜椒贮藏的基本条件。

4. 试述辣椒贮藏过程中的主要病害及防治措施。

第九章　部分辣椒优良品种介绍

1. 了解主要辣椒品种在全国的分布情况。
2. 理解辣椒品种的改良对于当地辣椒产业发展的重要作用。

第一节　辣椒品种的概念

辣椒品种是指人类在一定的生态条件和经济条件下，为了达到辣椒种植目的，根据需要人工选育的辣椒群体。这个辣椒群体具有相对的遗传稳定性和生物学及经济学上的一致性，并可以用普通的繁殖方法保持其恒久性，而且在相应地区和耕作条件下种植，其产量、抗性、品质等方面都能符合生产发展的需要。辣椒品种是人工进化、人工选择的结果，是育种的产物，是重要的农业生产资料。每个辣椒品种都有其适应的地区范围和耕作栽培条件，而且只能在一定历史时期起作用，因此品种具有地区性和时间性。随着辣椒耕作条件和生态条件的改变、社会经济的发展、人民生活水平的提高，人们对辣椒品种的要求也随之提高，所以必须不断地选育新品种以更替原有的品种。优良品种是指在一定地区和耕作条件下能符合生产发展要求，并具有较高经济价值的品种。优良品种对辣椒产业的发展有巨大的作用，在生产中的主要作用如下：

一、提高单产

在同样的地区和耕作条件下，采用产量潜力大的良种，一般可增产 10% 或更高，在较高栽培水平下良种的增产作用也较大。

二、改进品质

优质辣椒品种的产品品质显然较优，在维生素含量、香味等方面更符合市场需求。

三、保持稳产

优质辣椒品种对常发性病虫害和环境胁迫具有较强的抗耐性，在生产中可减轻或避免产量和品质的降低。

四、扩大种植面积

优质辣椒品种，具有更为广阔的适应性，还具有对某些特殊有害因素的抗耐性，因此采用这样的良种，可以扩大辣椒的栽培地区和种植面积。例如，遵义农科所选育的遵辣1号，其抗性强、产量高、品质好，目前作为遵义市政府辣椒换种工程品种在全市推广。

另外，优质辣椒品种的推广还有利于耕作制度的改良、复种指数的提高、辣椒机械化的发展及劳动生产率的提高。

第二节　辣椒主要栽培品种

一、辣椒

辣椒（原变种）是一年或有限多年生植物，高40~80 cm。茎近无毛或微生柔毛，分枝呈"之"字形曲折。叶互生，枝顶端节不伸长而成双生、簇生状，矩圆状卵形或卵状披针形，长4~13 cm，宽1.5~4 cm，全缘，顶端短，渐尖或急尖，基部狭楔形；叶柄长4~7 cm。花单生，俯垂；花萼杯状，不显著5齿；花冠白色，裂片卵形；花药灰紫色。果梗较粗壮，俯垂。果实长指状，顶端渐尖且长、弯曲，未成熟时为绿色，熟后为红色、橙色或紫红色，味辣。种子扁肾形，长3~5 cm，淡黄色。花果期5~11天。

辣椒原来分布在墨西哥至哥伦比亚，现在世界各国普遍栽培。我国已有数百年栽培历史。辣椒为重要的调味品，种子油可食用，果实亦有驱虫和发汗之药效。由于长期人工栽培、育种，辣椒的品种繁多。一般根据果实生长的状态、形状和大小、辣味的程度可划分为若干个变种。常见栽培的变种有菜椒、朝天椒、簇生椒、野山椒。

二、菜椒

菜椒的植株粗壮而高大，分枝强，冠幅可达1.45 m。叶呈矩圆形或卵形长，叶柄长3~5 cm，叶片长8~9 cm。果梗直立或俯垂，果实大型，近球状、圆柱状或扁球状，多纵沟，顶端截形或稍内陷，基部截形且常稍向内凹入，味不辣而略带甜或稍带椒味。我国南北均有栽培，可观赏也可食用，市场上通常出售的菜椒即为此变种。

三、朝天椒

朝天椒的植株多二叉分枝。叶长4~7 cm，卵形。花常单生于二分杈间，花梗直立，花稍俯垂，花冠白色或带紫色。果梗及果实均直立，果实较小，圆锥状，长1.5~3 cm，成熟后呈红色或紫色，味极辣。我国南北均有栽培，也常作盆景栽培，供观赏用。

四、簇生椒

簇生椒的植株高可达1 m，叶卵状披针形，叶柄细长。花在枝下部单生，在枝顶端由于节间极短缩而数朵花（可达8~10朵）和数个叶一起呈簇生状，花梗细瘦，直立或斜伸，花稍俯垂。果梗粗壮，直立，果实指状或圆锥状，长4~10 cm，微弓曲，在梗上直立生，成熟后变成红色，辣味浓。我国南北均有栽培，通常作盆景，也有少量种植作蔬菜或调味品。

五、野山椒

野山椒为灌木或亚灌木；分枝稍呈"之"字形曲折。叶柄短缩，叶片卵形，长 3~7 cm，中部之下较宽，顶端渐尖，基部楔形，中脉在背面隆起，侧脉每边约 4 条。每个开花节上花常双生，有时三至数朵簇生。花萼边缘近截形，花冠绿白色。果梗及果实直立生，向顶端渐增粗；果实纺锤状，长 7~14 cm，味极辣。野山椒分布于云南南部，抗疫病和黄萎病。

第三节 各类辣椒优良品种简介

一、贵州遵义朝天椒

品种来源：贵州省遵义市地方品种。

特征特性：产于贵州省遵义市遵义县的辣椒，因主产区位于遵义县虾子镇及周边乡镇而得名，受国家地理标志保护。干鲜两用型。全生育期为 190 天左右，从定植至采收 82 天左右。株高 80 cm，株幅（开展度）60 cm，平均分枝 9 次。叶片绿色、互生、长卵圆形、尖端较尖。植株茎表紫色明显，花瓣白色，花和嫩椒多朝天生长。青果黄绿色，老熟果鲜红色，果实单生直立向上，果表光滑（图 9-1）。果长 3~8 cm，横径 1~3 cm。单果鲜重一般 8 g 左右，干重 2 g 左右。种子较小，肾形，种子千粒重 6.2 g 左右。干果色泽深红、味辣、商品性好。亩产干重 200 kg 左右。

图 9-1 贵州遵义朝天椒

栽培要点：一般在 1 月下旬至 2 月中、下旬播种。每亩种植 6 000 ~ 8 000 株（按 1.2 m 开厢起垄，垄栽双行，穴距 27.8 ~ 37.0 cm），每穴植 2 苗。

二、枥木三樱椒

品种来源：日本枥木县。

特征特性：植株直立而紧凑，株高 60 cm 左右。叶片针形，花簇生，果实朝天簇生。果实尖长、细小。果长 4 ~ 6 cm，果皮光滑油亮，果形略弯曲，辣味特浓（图 9 - 2）。一般每 100 m² 产干椒 6 000 ~ 9 000 kg，高产田每 100 m² 产量在 9 000 kg 以上。

图 9 - 2　枥木三樱椒

栽培要点：一般 11 ~ 12 月薄膜覆盖冷床育苗，3 ~ 4 月当土温达到 10 ℃ ~ 12 ℃时定植。单作单行单垄穴栽，行距 4.33 cm，株距 23.3 cm，每 100 m² 栽 9.75 万穴左右，每穴种植 2 株。采用宽窄行种植，双行培土成垄穴栽，垄宽 13.3 cm，宽行 7.3 cm，窄行 6 cm，穴距 30 cm，每 100 m² 栽 5.1 万穴左右，每穴种植 3 株或分株栽成"丁"字形。

三、丘北辣椒

品种来源：云南省丘北县。

特征特性：分枝较多，一般可达 6 ~ 8 枝，每个植株可结果 100 ~ 400 个。全生育期为 175 ~ 180 天。果实线形，干辣椒紫红色，具有个体均匀、色泽鲜艳、肉质肥厚、油脂和维生素含量高、辣味香浓、口感好、适宜加工等特点（图9-3）。果实未成熟时浓绿光亮，成熟后变成鲜艳的红色、黄色或紫色，以红色最常见。主要产区为云南省丘北县和砚山县。亩产100～300 kg。

图9-3　丘北辣椒

　　栽培要点：3月下旬至4月中旬播种，苗龄45～60天；5月下旬至6月初定植，每亩定植4 500～5 000株。

四、四川二金条

　　品种来源：四川省地方品种。

　　特征特性：植株较高大，半展开，生长势强，定植至始收红椒约115天。株高80～85 cm，株幅为76～100 cm。叶深绿色，长卵形，顶端尖。果实细长，长10～12 cm，横径1 cm，味甚辣，老熟果深红色，光泽好，果皮较薄，质地细（图9-4）。较耐病毒，亩产干椒200 kg左右。

　　栽培要点：成都地区1月上旬温床播种，3月上旬至4月上旬定植，行穴距66 cm×30 cm，每穴栽植3株。

五、湘潭迟班椒

　　品种来源：湖南省湘潭市地方品种。

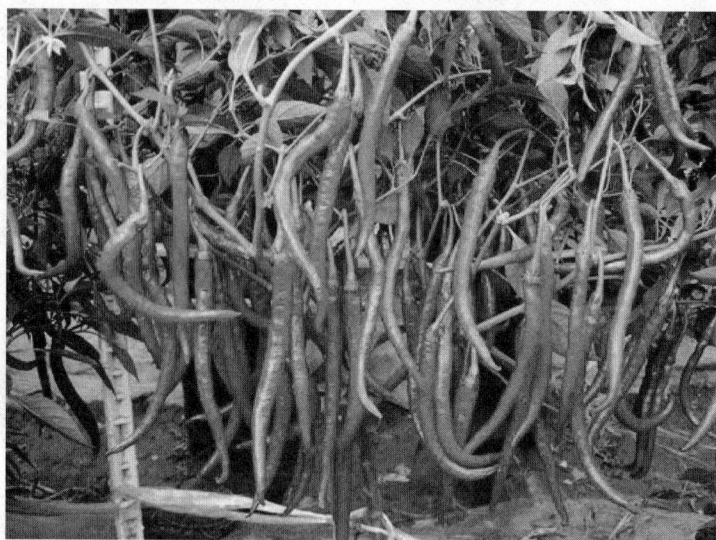

图 9 - 4　四川二金条

特征特性：中熟偏迟，全生育期为 240 天，从定植到老果采收约 90 天。供应期为 7 ~ 11 月。株高 60 ~ 80 cm，株幅 70 ~ 75 cm。生长势强，分枝力强，茎基 3 ~ 4 节处发生侧枝，主茎 11 ~ 14 叶节着生第一花。果实呈三棱或扁圆牛角形，果长 12 ~ 17 cm，横径 3 ~ 4 cm，果肉厚 0.3 cm，绿色，单果重 50 ~ 100 g，味甜微辣（图 9 - 5）。亩产鲜椒为 2 000 ~ 3 000 kg。

栽培要点：适宜于排水良好的沙质壤土，最适于水稻土。1 月播种，5 月上、中旬定植，行距 70 cm，株距 50 cm，每公顷种植 22 500 ~ 30 000 株。

图 9 - 5　湘潭迟班椒

六、猪大肠辣椒

品种来源：甘肃省地方品种。

特征特性：中熟，生长势中等。株高 95 cm，株幅 55 cm，主秆高 30 cm 左右；茎深绿，有棱，叶卵圆形，叶长 12.9 cm，叶正面深绿色，背面浅绿色；第 10 叶节上着生第一花序；果实长锥形，离果肩 1/3 处有横纵沟，使果实弯扭似猪大肠；果面有明显纵沟 4 条，果肉质较细，肉较厚，味辣，品质中上，单果重 207 g（图 9-6）。亩产 2 000 ~ 4 000 kg。

栽培要点："立春"温室育苗，"清明"后双苗定值，宽行 72 cm，窄行 45 cm，窝距 42 cm；培育壮苗，低温锻炼，定植点浇，苗期防徒长；见门椒灌水，松土，及时摘除基部老叶和腋芽。随坐果数的增加，满足水、肥要求，分期采收青椒。

图 9-6　猪大肠辣椒

七、贵州毕节线椒

品种来源：贵州省毕节地区地方品种。

特征特性：干鲜两用型。全生育期为 186 天，从定植至始采收 75 天左右。株高 70 cm 左右，株幅 60 cm 左右，平均分枝 8 次。叶片绿色，初花节位 8 节左右，花瓣白色。青果绿色，果实在红熟过程中果面纵向先形成浅红色色带，成熟前有绛红色色带，完全成熟后果实为红色。果实单生向下，果面皱褶，长线形。果长 18 cm 左右，横径 1.3 cm 左右，果柄长 5 cm 左右。单果鲜重 10 g，干重 1.7 g 左右。单株结果 24 个左右。种子肾形，单果种子数 100 粒左右，种子千粒重 6 g 左右。干果色泽深红，辣味中等，商品性好（图 9-7）。亩产干重 200 kg。

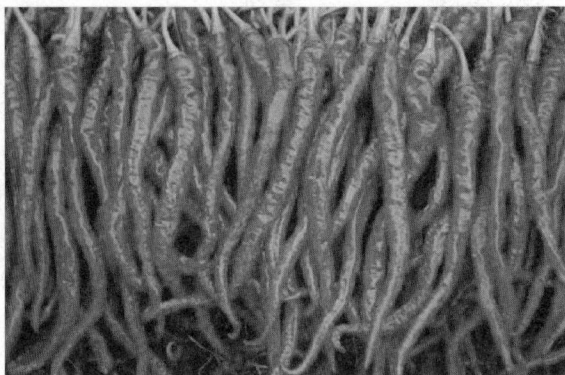

图9-7　贵州毕节线椒

栽培要点：2月初至3月上旬播种，每亩用种量60 g左右。4月下旬至5月上中旬，宽窄行双行起垄、双株定植，宽行60 cm，窄行40 cm，穴距33~35 cm，每亩定植7 600~8 000株左右。

八、贵州独山皱椒

品种来源：贵州省黔南州地方品种。

特征特性：干鲜两用型。全生育期为191天，从定植至采收90天左右。株高85 cm左右，株幅70 cm左右，平均分枝11次。叶色深绿、互生、长卵形、尖端较尖。花瓣白色，果实果顶向下，果柄长，向下弯曲。青果黄绿色，老熟果鲜红色，干果色泽深红，果面皱缩，皱纹浅且稀。果长26 cm左右，横径1.2 cm左右。单果鲜重8 g左右，干重1.7 g左右，单株结果33个左右（图9-8）。种子千粒重6.1 g左右。辣味中等，香味浓烈。抗倒性较强。亩产干重180 kg。

栽培要点：2月上中旬育苗，4月下旬至5月上旬移植。按1.3 m开厢，厢面宽0.9 m，沟宽0.4 m，每厢栽2行，双株移植，株距为0.30 m。在贵州省海拔1 500 m以下区域种植。

图9-8　贵州独山皱椒

九、贵州花溪辣椒

品种来源：贵州省贵阳市地方品种。

特征特性：花溪辣椒是贵阳市传统的名特品种。状似羊角，大小匀称，肉质厚实，辣味适度；青色角椒，皮光肉厚，辣味回甜；老熟角椒，色泽暗红，味辣不燥（图9-9）。其干辣椒经加工成糍粑辣椒，色泽鲜红；由其制成的辣椒油，辣香味浓，辣而不猛，油而不腻，漂红诱人，堪称助餐的佐料佳品。亩产干重150 kg左右。

图9-9 贵州花溪辣椒

栽培要点：初春播种育苗，4月中旬匀苗移植，6~7月可陆续摘青椒应市，中秋前后鲜红光亮的角椒成熟。

十、牛角椒

品种来源：湖南省农科院蔬菜研究所系统选育。

特征特性：分枝力、结实力、耐热力、耐旱力均强，中熟，生育期为280天左右，从定植至始收60天左右。植株较矮，株形开张，株高44 cm，株幅65 cm，第10~12叶节着生第一花，花单生，白色。果实长牛角形，长17.8 cm，横径2.3 cm，肉厚0.23 cm；果顶稍尖，果肩微凸，果稍弯，果面皱褶；青熟果淡绿色，老熟果红色，单果重23 g；肉质紧，水分少，辣味中等（图9-10）。较耐病毒病和白绢病。每公顷产量22 500~30 000 kg（亩产1 500~2 000 kg）。

栽培要点：多于立春前塑料棚播种育苗，4月中、下旬定植，6月下旬始收，8月盛收，10月结束。参考行距60 cm，株距50 cm。

十一、遵辣1号

品种来源：遵义市农科所选育。

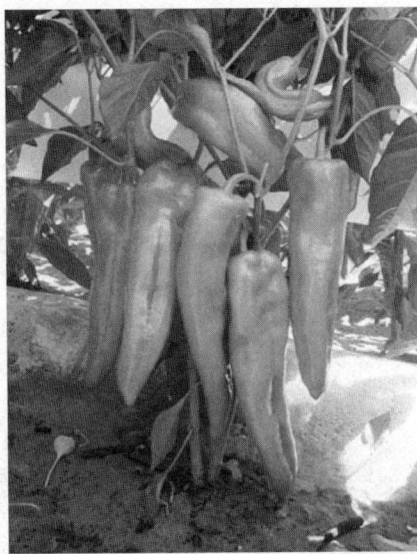

图 9 – 10　牛角椒

特征特性：该品种属圆锥椒类朝天椒，果朝天散生，短宽圆锥形，小型圆锥椒类，全生育期为 206.50 天。无限分枝类型，假二叉分枝，一般长至 9～11 叶片开始出现第一个花蕾（图 9 – 11）。主要农艺性状各试点的平均表现为：株高 75.43 cm，株幅 56.5 cm，分枝次数为 15.88 次，单株结果 37.38 个，单果鲜重 5.68 g，单果干重 1.66 g，果长 7.52 cm，果宽 1.65 cm，单果种子数 109.34 粒，种子千粒重 5.71 g，干辣椒亩产 236 kg（贵州省辣椒区试产量）。该品种是贵州 2011 年辣椒区试对照种。

图 9 – 11　遵辣 1 号

栽培要点：1月下旬至2月中、下旬播种，育苗移植，选用前茬未种过茄科作物和排水良好的土壤，每亩7 000~8 000株，按1.2 m开厢起垄，垄栽双行，穴距27.8~37.0 cm，每穴移植2苗；重施底肥，适时追肥，中耕培土，加强田间管理，及时防治病虫害，适时采收及处理。

十二、遵辣6号

品种来源：遵义市农科所选育。

特征特性：干鲜两用型。全生育期为192天，从定植至始收70天左右。株高72 cm，株幅62.8 cm，平均分枝8.3次。叶片绿色，花瓣白色。青果绿色，老熟果深红色。果实单生向上，果面光滑，锥形。果长6.58 cm，横径1.58 cm。单果鲜重5.33 g，干重1.38 g。单株结果34.8个。种子肾形，单果种子数97.55粒，种子千粒重5.75 g。果味辛辣，商品性好（图9-12）。干辣椒亩产244.5 kg（贵州省辣椒区试产量）。

图9-12 遵辣6号

栽培要点：1月下旬至3月上旬播种，4月下旬至5月定植。地膜覆盖双株栽培，亩用种量60 g左右。移植行距60 cm，株距30 cm左右，每亩栽苗6 500~7 500株。

十三、农大

品种来源：中国农业大学园艺系系统育成。

特征特性：植株长势强，株形紧凑。果实灯笼形，3~4个心室，商品成熟果深绿，生物学成熟果红色，单果重150~200 g，最大可达300 g以上。果肉厚0.6 cm，果面光滑，果肉脆甜，果实商品性状好（图9-13）。对病毒病有较强抗性，用黄瓜花叶病毒和烟草花叶病毒单一毒源及混合毒源进行苗期人工接种鉴定，病情指数均明显低于茄门甜椒。鲜椒亩产6 000 kg左右。

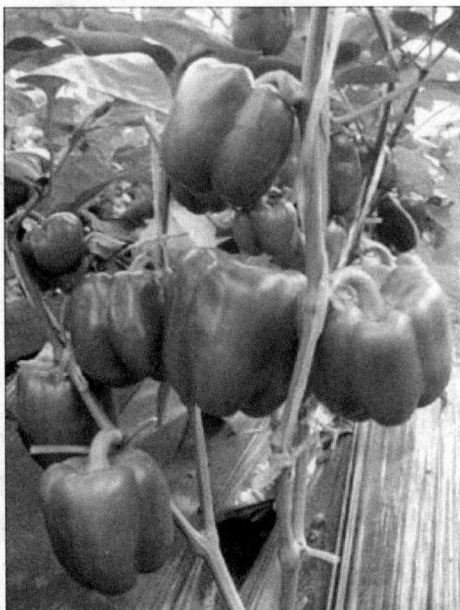

图9-13 农大

栽培要点：1月中、下旬育苗，4月下旬定植，苗龄90天左右，以带蕾大苗定植为宜。垄距83~93 cm，每垄栽2行，每窝栽2株，株距26~30 cm，每亩8 000~10 000株；塑料薄膜覆盖栽培，采用单株栽植。

十四、韩国单身理想

品种来源：韩国东原农产种苗株式会社。

特征特性：属单生或互生（对生）朝天椒，早熟品种，生长旺盛，植株高大整齐，株高70~100 cm，分枝力强，株幅60 cm左右。椒长5~7 cm，果径0.8~1.0 cm，坐果集中，连续坐果能力强，单株坐果400~500个，鲜果单果重3 g，干鲜两用，转色快，辣味强，果色深红，果实顺直，色泽美观，易栽培，采摘方便，干制后不皱皮（图9-14）。早熟性好，早期产量高，鲜、干椒可提早上市，露地栽培专用品种。较耐干旱和抗病性强。产量高，每亩产鲜椒1 500~2 000 kg，干椒252.5 kg（贵州省辣椒区试产量）。

栽培要点：适应性强，特别适合在海拔300~1 100 m的半高山、丘陵、坝地栽培，适合稀植，单株定植。每亩定植3 500株。

图 9－14　韩国单身理想

十五、云椒 2 号

品种来源：云南省农科院园艺所选育。

特征特性：中早熟，一代杂交，干鲜两用品种，鲜食为主，制干亦佳。生长势及分枝性强，株高 60~80 cm，株幅为 55 cm 左右；果实长羊角形，果长 15~18 cm，横茎 1.6 cm，单果重 15~20 g；果形直，表面光滑，外观商品性好，青熟果绿色，老熟果深绿色（图 9－15）；坐果率高，丰产性好，连续坐果能力强。果味香辣、脆嫩、品质佳，符合云南省的消费习惯，也适宜外销；适宜在喜欢鲜椒或大果干椒类型的地区栽培。抗病毒病及疫病能力强，亩产 3 500~4 500 kg。

图 9－15　云椒 2 号

十六、红泽一号

品种来源：河北省鸡泽县科协。

特征特性：早熟，株高 60 cm，株幅 55 cm，果长 20 cm，果肩宽 1.8 cm，单果重 18 ~ 20 g，嫩果皮绿色，成熟果鲜红，辣味浓，含水量低，适宜鲜食和加工（图 9 - 16）。抗病性强，耐高温，一般亩产鲜椒 3 000 kg。

图 9 - 16　红泽一号

栽培要点：该品种适应性强，生长气温为 17 ℃ ~ 30 ℃，最佳生长气温为 20 ℃ ~ 25 ℃，适合全国大部分地区种植。经多地区试种，其品质及丰产性良好，每亩效益在 5 000 元左右。

十七、羊角红一号

品种来源：邯郸市羊角红辣椒研究所。

特征特性：属中早熟品种，皮薄，肉厚，油多，籽香，维生素 C 含量高，辛辣适中。果长 20 cm，果肩宽 2 cm，单果重 20 g，形似羊角（图 9 - 17）。该品种生长势旺，连续坐果率强，抗病毒病，耐疫病，耐热性好，适应性好，一般亩产 2 500 kg 左右。

栽培要点：该品种适应性强，经河北、山东、河南、山西等多地区试种表现良好，每亩效益在 5 000 元左右。

十八、邯优尖辣椒

品种来源：邯郸市农科所从优质鸡泽羊角椒品系选育。

图 9 - 17   羊角红一号

特征特性：形状细长，尖上带钩，属中熟品种，椒长 15 cm，果皮紫红色，肉厚，辣味浓，较抗病毒病，商品性好（图 9 - 18）。适合春播和夏播，春播亩产 2 000 ~ 2 500 kg，夏播亩产 1 500 ~ 2 000 kg。

图 9 - 18   邯优尖辣椒

栽培要点：该品种适应性强，经河北、山东、河南、山西等多地区试种表现良好，2012年每亩效益为5 000元左右。

十九、粤红1号辣椒

品种来源：广东省农科院蔬菜研究所。

特征特性：中晚熟品种，播种至始收秋季为79天，春季为109天；全生育期秋季为148天，春季为151天。植株长势强，株高55.6~68.8 cm，株幅65 cm（图9-19）。平均每亩产量为1 668.22 kg。

图9-19　粤红1号辣椒

栽培要点：（1）适播期为冬植11月至翌年1月、春植2~4月、夏秋植7~10月。（2）施足基肥。每亩施腐熟有机肥1 500 kg，复合肥60 kg。（3）种植规格为每畦种双行或三行，株行距35 cm×50 cm，亩用种量30~40 g。（4）培土追肥。开花结果初期开沟培土追肥，每亩施复合肥25 kg、花生麸30 kg、钾肥20 kg。（5）综合防治疫病、青枯病和病毒病。以栽培防病为主，严格选地，实行水旱轮作，及时清除田间病株。（6）适时采收，谢花后25天可采收青果。

二十、天宇3号

品种来源：韩国引进。

特征特性：该品种中熟，属朝天椒类。植株高大，分枝性强；果簇生，每簇结果6~7个，平均单株结果400个左右，果长5~6 cm，果径1.0 cm，味辣（图9-20）。抗花叶病毒，可用于脱水加工；亩产300~350 kg，增产潜力大。

图9-20 天宇3号

栽培要点：春季3月上中旬大棚育苗，秋季7月下旬播种育苗。定植每亩用种量30~50 g。4月末至5月初定植，每亩定植3 500~4 000株，株距40~45 cm，行距55~60 cm。

二十一、8212辣椒

品种来源：陕西省农科院蔬菜研究所。

主要性状：中晚熟，生育期为203天左右。株高约70 cm，株幅50 cm，株形紧凑，生长势强，叶量大，对果实覆盖性好。青熟果深绿色，老熟果深红色，光亮，鲜艳，长指形，果长13~14 cm，粗1.3 cm。果肉薄，辣味强，适宜制干椒。干椒色红光亮，皱纹密细，品质好，单果干重1.1~1.2 g，果实红熟比较一致，成品率达80%。耐旱，耐涝，抗病性较强。一般亩产干椒250~300 kg，高产达560 kg。

栽培要点：一般2月下旬至3月下旬播种育苗，每亩播种量250 g。一般不分苗，2次间苗，苗距为5 cm。5月上旬至下旬定植，行距66 cm，穴距23~26 cm，每穴2~3株。始花期沟施追肥，结合中耕培垄。开花结束前土壤持水量应保持为65%~70%，开花结果后保持为80%~90%。在陕西关中地区也有间作、套种的，如麦、椒套种，蒜、菜、椒套种。选用条带形种植。

二十二、埃菲尔甜椒

品种来源：法国杂交种。

特征特性：F1代巨型甜椒，早熟，植株高大，长势强，耐低温。果实特别巨大，接近20 cm×10 cm，平均单果重400 g以上。果实成熟由绿变红，青红果均可采收（图9-21）。抗花叶病毒，耐叶斑病。亩产5 000 kg左右。

图 9 - 21　埃菲尔甜椒

栽培要点：多于冬春育苗播种，即 11 月中旬至 2 月上旬。2 ~ 3 片真叶时，按株行距 10 cm 双株分苗，改善幼苗的土壤营养和光照条件，以利培育壮苗。终霜后土温稳定在 10 ℃ 以上时定植。定植前 7 ~ 10 天，苗床通风降温进行幼苗锻炼。株距 25 ~ 33 cm，每亩可定植 3 000 ~ 5 000 株。定植时应充分浇水，成活后可适当追肥与浇水，促茎叶生长。但开花时不宜浇水，以免茎叶徒长，引起落花。不耐浓肥，不耐涝，基肥应多施有机质肥料，追肥要薄肥勤施。在施足有机质肥料的基础上，每 3 ~ 5 天用粪水或相当浓度的复合肥追施一次。抗病性较弱，容易发生病害，特别是病毒病。因此在栽培时，不要与茄种蔬菜连作。夏秋季可陆续采收，南方可用塑料拱棚栽培，收获期比露地栽培提前 1 ~ 2 个月。

二十三、巧克力甜椒

品种来源：国家蔬菜工程技术研究中心。

特征特性：中熟甜椒 F1 杂交种，植株生长健壮，始花节位为 10 ~ 11 叶节；果实方灯笼形，4 心室居多；果实成熟时由绿色转成诱人的巧克力色，果面光滑，含糖量高，耐贮运。果大小约为 10 cm×9 cm，单果重 150 ~ 200 g，连续坐果能力强，整个生长季果型保持较好（图 9 - 22）。抗烟草花叶病毒和青枯病，耐疫病。适于北方保护地和南菜北运基地种植。

栽培要点：华北地区保护地秋冬茬栽培，7 月中旬至 8 月中旬播种，8 月中旬至 9 月中旬定植，小高畦单株对栽，行株距(50 ~ 60) cm ×(35 ~ 45) cm，亩栽 2 000 ~ 3 000 株，长季节栽培可采用 2 + 2 整枝法，吊绳栽培。华北地区保护地春茬栽培，12 月中旬至 1 月上旬播种，3 月初至 3 月下旬定植，亩栽 2 000 ~ 3 000 株。其他地区种植，应按当地气候条件适时播种栽培。

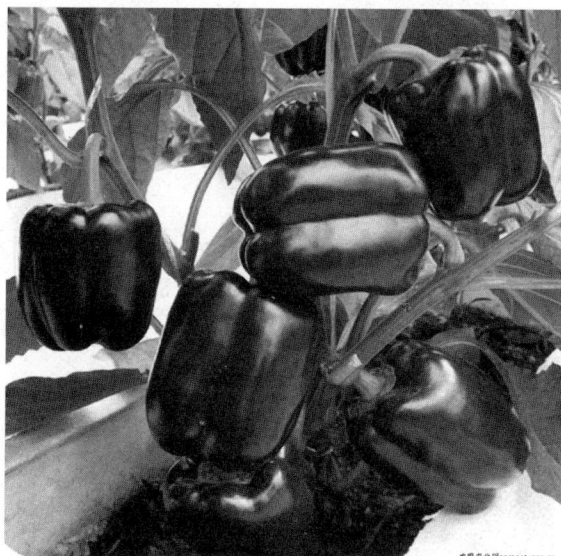

图 9 – 22　巧克力甜椒

二十四、金富早椒 8 号

品种来源：河南农大豫艺种业有限公司。

特征特性：熟性最早的黄皮辣椒之一，极早熟；果型顺直光滑，果长 22 ~ 26 cm，果粗 3.5 cm，单果重 80 ~ 110 g（图 9 – 23）。

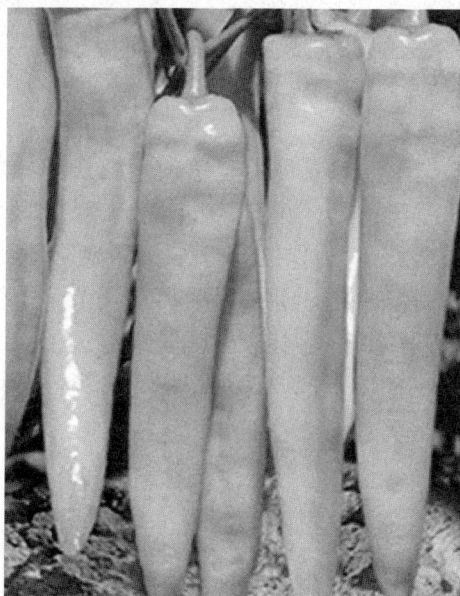

图 9 – 23　金富早椒 8 号

栽培要点：金富早椒 8 号是国内最早的黄皮辣椒的佼佼者，已在河南洛阳、漯河、商丘、山东费县、青州、广东、广西等地大面积推广，适合早春大小棚及南方露地栽培。

二十五、领航者 F1

品种来源：河南省红绿辣椒种业有限公司。

特征特性：中早熟，9 ~ 10 叶节开花，株高 56 cm，株幅 58 cm；植株生长势强健，节粗而短，株形紧凑，挂果集中；前期产量高，果长 15 ~ 18 cm，粗 5.5 cm，单果重 120 ~ 160 g；果实绿色光亮，果面光滑，商品果价值高，辣味适中（图 9 – 24）。抗病毒病，耐疫病。亩产 5 000 kg 以上。

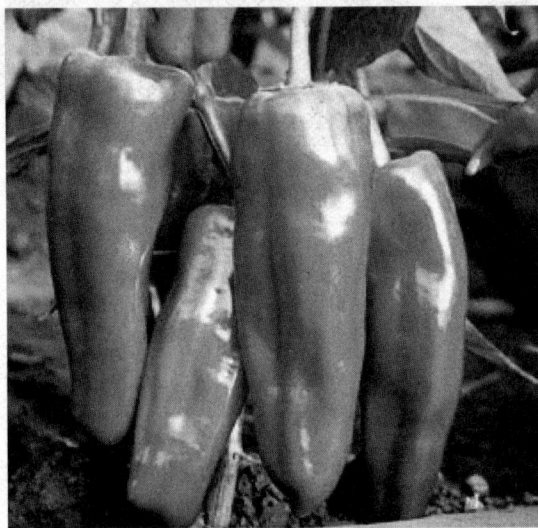

图 9 – 24　领航者 F1

栽培要点：一般在 3 月底、4 月初播种。定植前栽培田每亩施过磷酸钙 30 kg、氯化钾 20 kg，沟施堆腐肥 2 000 kg，偏酸性土壤翻耕时增施 50 ~ 100 kg 生石灰。每亩栽 4 000 ~ 4 500 株。定植后及时铺草、插竿，以利保肥、保水、降温防旱、抗倒伏。易发生疫病、青枯病、病毒病、蚜虫、红蜘蛛等病虫害。通过采收可以调节菜椒植株的生长，一般生长瘦弱的植株，可提早采收青果，而对生长旺盛甚至有徒长趋势的植株，可延迟采收，控制茎叶生长。无论是采收青果或是红果、门椒，都要尽量早摘，产量高峰期应 1 ~ 2 天采收 1 次。

二十六、渝椒五号

品种来源：重庆市农科所。

特征特性：属中早熟品种，采用地膜覆盖栽培，从定植到采收生育期 60 天。植株生长势强，株高 58.6 cm，株幅为 70.4 cm；11 ~ 13 叶节开花，叶呈披针形，绿色。花白色。果实羊角形，长 16.95 cm，宽 2.7 cm，单果重 32.5 g。每百克鲜果含维生素 C 90 mg（图 9 – 25）。食味微辣、脆嫩、口感好。耐低温能力强，有较强的耐热性，越夏能力较强，抗病毒病，中抗炭疽病。

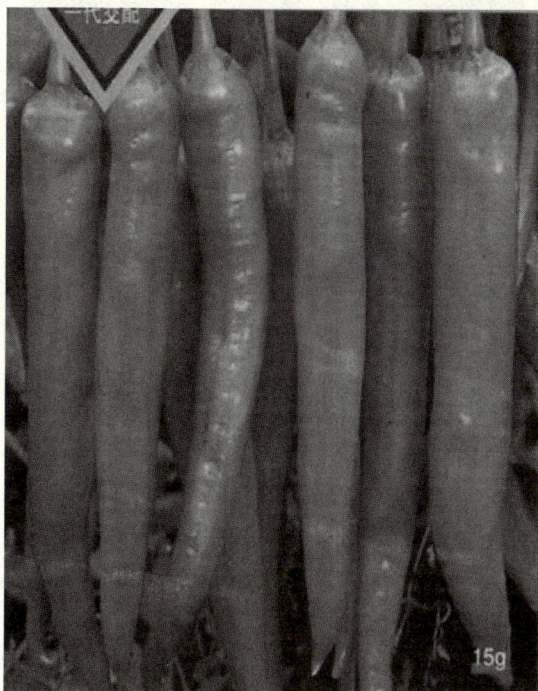

图 9 – 25 渝椒五号

栽培要点：西南地区春季栽培 10 月中旬播种，在 3 月中旬定植，秋季栽培在 5 月下旬播种，6 月下旬定植。宽窄行双株种植，行株距 0.5 m×0.4 m，每亩定植 3 500 穴。

二十七、江蔬 6 号

品种来源：江苏省农科院蔬菜研究所。

特征特性：属中早熟品种，植株紧凑，株高 51 cm，株幅为 38～43 cm。始花节位为 9～11 叶节，分枝能力强，挂果多。叶披针形，绿色。果实粗牛角形，果面光滑，光泽好，老熟果鲜红色，果纵径 12 cm，果肩横径 3.8 cm，肉厚 0.27～0.30 cm，单果平均重 60 g 左右，味微辣，每百克鲜果含维生素 C 143.5 mg，品质佳（图 9 – 26）。抗病毒病和炭疽病，较耐热和耐旱，平均亩产 3 938 kg。

栽培要点：长江中下游地区作露地地膜覆盖栽培，宜 12 月中下旬冷床育苗，翌年 4 月中旬定植。黄淮海地区作大棚秋延后栽培，宜在 7 月下旬育苗，8 月底至 9 月初定植。每亩移植 4 500 株。

二十八、B 特早

品种来源：四川省川椒种业科技有限公司。

图 9 – 26　江蔬 6 号

特征特性：早熟，从定植至采收 46 天，前期结果性好。株高 45～50 cm，株幅为 50～55 cm，第一花着生于 7～8 叶节。果实牛角形，长 14.55 cm，果肩宽 3.31 cm，果肉厚 0.25 cm，单果重 32.6 g。青椒绿色，果面较光滑，老熟果鲜红色，微辣（图 9 – 27）。每百克鲜果含维生素 C 114.8 mg。抗病毒病和炭疽病，不耐疫病。平均亩产 2 988 kg。

图 9 – 27　B 特早

栽培要点：长江流域地区春作，10 月中旬冷床播种育苗，亩用种量 50 g，翌年 2 月下旬至 3 月上旬定植于大、中棚，或 3 月中下旬至 4 月上旬定植露地（覆盖地膜），亩植 3 500～4 000 株。

二十九、开椒十五号

品种来源：河南省红绿辣椒种业有限公司。

特征特性：晚熟品种。果实为长牛角形，长 20 ~ 25 cm，粗 3 ~ 4 cm，单果重 60 g 左右，最大可达 80 g；果形顺直不弯曲，果色深绿、光亮、无皱，果肉厚，果皮坚硬；红果不易软，耐贮藏运输，商品性极佳（图 9 – 28）。耐高温高湿，抗病性特别强。亩产 5 000 kg 左右。

图 9 – 28　开椒十五号

栽培要点：11 月下旬至翌年 2 月上旬播种，每亩用种量为 40 g 左右，翌年 3 月份假植一次，4 月中下旬定植，忌连作，参考株行距为 46 cm×53 cm。施足基肥，每亩施腐熟猪粪 5 000 kg，或饼肥 100 kg，磷、钾肥各 75 kg。轻施苗肥，定植后至开花期轻追肥两次，稳施花肥，开花期一般不施肥。重施果肥，第一批果坐稳后及每次采收后均需追肥一次。早施翻秋肥，立秋前后重施肥一次，追肥以稀粪水或复合肥为好。

三十、粤椒一号

品种来源：广东省农科院蔬菜研究所。

特征特性：属早熟品种，从定植到采收 35 ~ 45 天。植株高 60 cm，株幅 70 cm；叶色绿，叶片较小，长卵圆形，第 1 朵花着生于第 10 叶节处。果实牛角形，果色绿，有光泽，果长 15.35 cm，宽 3.53 cm，果肉厚 2.9 cm，平均单果重 46.25 g，味较辣，每百克鲜果含维生素 C 120.0 mg（图 9 – 29）。抗病毒病，中抗炭疽病。平均亩产 3 431.55 kg。

栽培要点：适宜春、秋、冬季露地及大棚等设施栽培，适宜播种期为：春植 11 月至翌年 7 ~ 9 月，秋植 7 ~ 9 月，冬植 10 ~ 11 月。每亩 3 000 ~ 5 000 株。

图 9 - 29 粤椒一号

三十一、干椒一号

品种来源：四川省川椒种业科技有限公司。

特征特性：早熟。株高 60 cm，株幅 65 cm。第一花着生于 9～10 叶节，果实为细长羊角形，青椒绿色，老熟果鲜红色，果长 21 cm，果肩宽 1～2 cm，单果重 17～23 g，果皮薄，籽少，味辣。易脱水，晒干率高，宜作晒干椒或鲜食（图 9 - 30）。抗逆性强，适应性广，高抗病毒病、疫病，耐寒，耐热，耐湿，耐瘠。一般亩产鲜红椒 2 500 kg，干椒 800 kg，最多可达 1 000 kg。

图 9 - 30 干椒一号

栽培要点：长江流域地区作早熟栽培，于 10 月上中旬冷床播种育苗，亩用种量 75 g，翌年 2 月下旬至 3 月上旬定植于大、中棚，或 3 月下旬至 4 月上旬定植露地（覆盖地膜），双株定植，行株距 60 cm×35 cm，密度 6 000～6 500 株/亩。该品种全国各地均宜种植。

三十二、A 特早辣椒

品种来源：四川省川椒种业科技有限公司。

特征特性：早熟，从定植至始收 45～48 天。株高 50 cm，株幅 52～56 cm。第一花着生于 8～9 叶节，果实长羊角形，果面光滑，青椒深绿色，老熟果鲜红色、味辣，鲜食加工兼用。果长 16～18 cm，果肩宽 2.5～3.5 cm，单果重 30 g，最大单果重 50 g（图 9－31）。早期挂果集中，持续结果能力强，耐寒，抗病毒病，中抗炭疽病。一般亩产 2 300～3 000 kg。

图 9－31 A 特早辣椒

栽培要点：作早熟栽培，于 10 月上中旬冷床播种育苗，亩用种量 50 g，翌年 2 月下旬至 3 月上旬定植于大、中棚，或 3 月中下旬至 4 月上旬定植露地（覆盖地膜），亩植 35 00～4 000 株苗。全国各地均适宜种植。

三十三、川农泡椒一号

品种来源：四川农业大学园艺系。

特征特性：果形为钝锥形，果面有浅褐色裂纹或螺旋状条纹，果肉特厚、硬，辣味烈，水分含量较高，适宜作泡椒用，泡一年以上不起皮、不变软，风味独特。该品种的适应性强、丰产性好。植株生长势中等，高度为 70 cm 左右，株幅 70 cm，第一分枝节位为 10 叶节，分枝处的茎粗 1.0 ~ 1.5 cm。茎秆绿色带紫，叶片深绿色，花冠白色，花药微紫色。果实钝圆锥形，果顶微凹，幼果绿色，成熟果鲜红色，果实表面具浅褐色的条状或环状轮纹；果实的纵径为 6.2 cm，横径为 2.8cm，果形指数（果长/果宽）为 2.2；果肉厚度为 0.48 ~ 0.61 cm，三心室；果实脐部果肉微甜，辣味主要集中在胎座和果肩部分。平均单果重 18.5 g。

栽培要点：四川大部分地区可在 2 月至 3 月初采用温床或冷床育苗。苗床土要求肥沃、疏松，不带杂草、病虫。4 月份定植到大田。田间定植密度为 2 000 ~ 3 000 株/亩，采用单株定植。

三十四、辣优 5 号

品种来源：广东省农科院蔬菜研究所。

特征特性：早熟，株形较直立，株高 52 cm，株幅为 72 ~ 80 cm。果为长羊角形，长约 15 cm，果肩宽约 3 cm，果皮光滑，黄绿色，肉厚 0.35 cm。熟果橙红色。单果重约 31 g。持续结果力强，上、下果大小一致。耐贮运，适于密植。中等辣，带香味（图 9 - 32）。较抗青枯病、病毒病。亩产鲜椒 2 000 ~ 3 000 kg。全国各地均适宜栽培。

图 9 - 32 辣优 5 号

栽培要点：早春露地地膜覆盖栽培。华南地区播种期 11 月至翌年 1 月，每亩用种量为 50 ~ 75 g，育苗移植，苗期 50 ~ 60 天，选"冷尾暖头"、晴天下午定植，地膜覆盖栽培，参考株行距为 30 cm×40 cm，每亩定植 3 500～4 000 株。施足基肥，追肥以氮、磷、钾三元复合肥为主，全期每亩追肥 30～50 kg，兑水浇施为好。及时打掉门果以下侧芽。严防田间积水，及时防治病虫害。秋冬季露地及温室栽培。华南地区 7～10 月播种，8～11 月定植，定植方法、田间管理等参考早春栽培。定植后两周内要适当遮阴保苗，加强肥水管理，促进发棵快速封垄，这是高产的关键。

三十五、雷阳大辣椒

品种来源：安徽望江县科委。

特征特性：早熟，株高 65 cm，株幅为 55～60 cm。门椒位于 8～11 叶节。果大，长牛角形，浅绿色，果面平滑，果顶钝尖，稍弯曲，心室 3～4 个。肉质脆嫩，辣中带甜，品质好，单果重约 34 g（图 9－33）。耐热，耐寒，抗旱，不耐涝，较抗炭疽病，耐贮运。亩产鲜椒 4 500～5 000 kg。适于安徽、四川、山东、江苏、浙江、湖南等地种植。

图 9－33　雷阳大辣椒

栽培要点：沿江地区，于 1 月中旬至 2 月上旬用小拱棚营养钵（或营养土块）播种育苗，4 月下旬至 5 月上旬定植于大田，中等肥力土壤，亩栽 4 000 株左右。以优质有机肥作基肥，及时中耕除草。根据其结果集中的特性，采收后及时追肥，为防止后期早衰，适当补施速效肥，水分管理见干见湿。常见病害有病毒病等，发现病株、病果及时拔除、摘除，并转地销毁，可用波尔多浓、石硫合剂等药剂防治。害虫有蚜虫、烟青虫、茶黄螨等，可用乐果、敌敌畏、石硫合剂等喷杀。

三十六、丰椒一号

品种来源：安徽省合肥丰乐种业股份有限公司。

特征特性："丰椒一号"辣椒为早熟品种。株高58 cm，株幅为55~60 cm，始花节位为8~10叶节。果实粗牛角形，果面光滑、深绿色，味微辣，成熟果红色鲜艳，果长13~16 cm，果实横径4~4.5 cm，果肉厚0.35 cm，平均单果重65 g，最大单果重100 g（图9-34）。高抗病毒病及其他病害，生长稳健，坐果能力强。延秋栽培，亩产2 000 kg左右；早春栽培，亩产4 000 kg左右。

图9-34 丰椒一号

栽培要点：长江中下游地区早熟保护地栽培于10月下旬至11月上旬冷床育苗，或11月下旬至12月上旬电热线快速育苗；保护地栽培于2月中旬至3月中、下旬带蕾定植，每亩栽植4 000株左右；小拱棚栽培于3月下旬至4月上旬定植；露地栽培4月中旬定植，每亩定植3 800株。重施基肥，勤施追果肥，为确保高产稳产，门椒最好不留果，以确保植株健壮不衰。要注意防治病虫害，及时采收，促进坐果生长。

三十七、早红四0

品种来源：四川省辣椒育种家陈炳金。

特征特性：开花至红熟分别为37天。用营养钵育成株高18~20 cm，茎粗0.7~0.9 cm。该品种特点是挂果集中，果实膨大快，红熟迅速；株高45 cm、株幅42 cm，一般果重40 g。品质好，抗逆性较强。

栽培要点：一般 1.2 m 开厢起垄，采用地膜覆盖栽培。株距 25 cm，亩植 4 500 株左右。定植时用"根腐灵" 400 ~ 500 倍液灌根，每株用药液 50 ~ 70 g，进行根部病害预防，每亩用药 400 ~ 500 g。定植成活后每隔 10 ~ 15 天用辣椒卷叶灵 500 ~ 600 倍液定期喷施。

三十八、F07

品种来源：沈阳农业大学园艺系。

特征特性：生育期为 120 天，属中熟品种。株高 51 cm 左右，果实牛角形，果长 14 cm 左右，横径 4 cm 左右，单果重 50 g 左右，2 ~ 3 个心室，果皮厚 0.31 ~ 0.40 cm，果色绿，味辣，质脆。维生素 C 含量高（每百克鲜果重含量为 115.58 mg），单株结实数为 20 个左右。抗病毒病，抗疫病；产量高，亩产 3 000 kg 以上。

栽培要点：沈阳地区适于 2 月中旬在温室播种，注意培育壮苗。5 月中旬定植，为了提高地温，最好在定植前铺地膜。行株距为（45 ~ 50）cm × 24 cm。收获前除注意根系生长外，还要特别注意地上部叶片的生长量，要在短期内达到封垄状态。在亩施 5 000 kg 基肥的基础上，应每亩追施 10 ~ 15 kg 复合肥，防止脱肥。及时防治病虫害，特别是蚜虫防治更要及时进行。

三十九、湘研 20 号

品种来源：湖南湘研种业有限公司。

品种特性：熟性晚，从定植至采收 60 天左右。株高 61 cm 左右，植株株幅 80 cm 左右，生长势强，株型较为分散，第一花着生于 13 ~ 14 叶节。果实粗牛角形，长 15.6 cm 左右，宽 3.6 cm 左右，果肉厚 0.33 cm 左右，果面光亮；商品成熟果（青果）绿色，生物学成熟果鲜红色；平均单果重 56 g 左右，最大单果重 70 g。果皮较薄，肉质软，口感好，味辣，风味纯正，品质上乘，以鲜食为主，耐贮藏运输（图 9 - 35）。果实中维生素 C 含量为 3.2% 左右，辣椒素含量为 0.13% 左右，干物质含量为 14.1% 左右。抗病、抗逆性强，耐湿，耐热，亩产 3 000 ~ 5 000 kg。

栽培要点：能越夏栽培。既适于湖区、江河沿岸作晚熟栽培，也适宜于北方大棚作晚熟延后栽培。

四十、中农硕椒

品种来源：北京中农艺园种子有限公司。

特征特性：该品种早熟，生长势强，果实长羊角形，果长 15 ~ 20cm，商品果绿色，老熟果红色，心室 2 ~ 3 个，平均单果重 30 g，最大果重 50 g。品质佳，辣味适中。抗烟草花叶病毒、耐黄瓜花叶病毒及疫病，亩产鲜椒 4 000 kg 左右。

栽培要点：北京地区保护地栽培于 12 月中旬至 1 月中旬播种，改良阳畦及日光温室栽

图 9 – 35　湘研 20 号

培 3 月初定植，大棚栽培 3 月下旬定植；露地栽培 1 月下旬至 2 月上旬播种，4 月下旬定植。其他地区按当地气候适时播种。在播种后至出苗前，白天温度应控制为 25 ℃ ~ 30 ℃，夜温为 18 ℃ ~ 20 ℃。整地作畦时一次性施足基肥，有机肥与化肥结合施用，每亩施入优质有机肥 5 000 ~ 7 500 kg。定植后 3 ~ 5 天，以闭棚保温为主（28 ℃），成活后控制相对湿度为 70% ~ 80%。定植后 7 ~ 10 天，及时喷施绿美神露，每隔 3 ~ 5 天喷 1 次，连续喷施 2 ~ 3 次，以增加叶绿素含量。

四十一、高抗 168

品种来源：新丰辣椒研究所选育。

特征特性：该品种早熟，株高 55 cm，株幅 60 cm。果长 16 ~ 20 cm，果肩宽 6 cm，肉厚 0.38 cm；单果重 150 g，大果重 200 g 以上（图 9 – 36）；味微辣，青熟果绿色，老熟果鲜红色，不易变软，耐寒，耐湿，耐贮运。该品种连续坐果能力强，膨大速度快，抗病毒病、炭疽病，耐疫病。

栽培要点：①苗期管理。培育壮苗是丰产的基础，育苗时苗床应用敌克松或菌毒净杀菌，种子用磷酸钠消毒后播种，苗齐后，用百菌清喷洒以防猝倒病发生。春播和秋播苗龄不可太长，以免形成老僵苗。以门椒已明显现蕾时定植为宜，这样能早发棵、早开花，有利于前期果实发育。②生产期管理。温度是丰产的保障。辣椒属喜温植物，该品种生产期的适宜温度为 17 ℃ ~ 30 ℃，夏季温度达到 35 ℃ 以上时应遮阳降温，防止落花、落果，秋季温度低于 5 ℃时应加盖草帘保温防寒。为防止徒长，应及时打掉门椒以下的侧枝，确保主枝的正常生长，多结果，结大果。③肥水管理。肥水是丰产的关键。该品种生长势强，整地时应施足底肥，亩施腐熟厩肥 5 000 kg、尿素 25 kg、磷肥 100 kg、硫酸钾复合肥 75 kg。定植时应浇足定根水，以促使苗早发棵、早结果。采果期，每摘 2 次果应浇水施肥 1 次，浇水不应大水漫灌；施肥按每亩尿素 10 kg 或复合肥 20 kg 交替使用为宜。结果期要及时防治病虫害。本品种适于全国各地栽培，是南菜北运和北菜南运的理想品种。

图 9 - 36　高抗 168

复习思考题

一、填空题

1. 辣椒品种是指人类在一定的生态条件和经济条件下，为了达到辣椒种植目的，根据需要_____的辣椒群体。

2. 优良品种是指在一定地区和耕作条件下能符合生产发展要求，并具有较高经济价值的品种。辣椒优良品种对辣椒产业发展有巨大作用，在生产中的作用主要有：_____、改进品质、_____、扩大种植面积。

3. 辣椒主要栽培品种辣椒（原变种）、菜椒、_____、簇生椒、野山椒。

二、思考题

请结合本地主要的辣椒栽培品种，论述主要的丰产栽培措施。

参 考 文 献

［1］邹学校. 中国辣椒. 北京：中国农业出版社，2002.

［2］薛党辰，陈忠明. 辣椒·辣椒菜·辣椒文化. 上海：上海科学技术文献出版社，2003.

［3］顾耘，李桂舫，赵川德. 辣椒、茄子. 北京：化学工业出版社，2011.

［4］庄灿然，吕金殿，梁耀琦. 中国干制辣椒. 北京：中国农业科技出版社，1995.

［5］高祥照，马常宝，杜森. 测土配方施肥技术. 北京：中国农业出版社，2005.

［6］陆景陵，陈伦寿. 植物营养失调症彩色图谱——诊断与施肥. 北京：中国林业出版社，2009.

［7］余常水，令狐昌英，李岸桥，等. 遵辣1号优质高产高效栽培技术. 贵州农业科学，2009（12）：78－80.

［8］中华人民共和国农业部. 辣椒技术100问. 北京：中国农业出版社，2009.

［9］王久兴，宋士清. 图说辣椒栽培关键技术. 北京：中国农业出版，2011.

［10］陈杏禹. 辣椒保护地栽培. 2版. 北京：金盾出版社，2010.

［11］中国农用塑料应用技术学会. 新编地膜覆盖栽培技术大全. 北京：中国农业出版社，1998.

［12］陈友. 节能温室、大棚建造与管理. 北京：中国农业出版社，1998.

［13］裴孝伯. 温室大棚种菜技术正误精解. 北京：化学工业出版社，2010.

［14］赵善欢. 植物化学保护. 3版. 北京：中国农业出版社，2000.

［15］刘富春，吴钜文，薛光，等. 辣椒病虫草害识别与防治. 北京：中国农业出版社，2003.

［16］谢建华，叶文武，庞杰，等. 辣椒的深加工技术研究进展. 辣椒杂志，2004（02）：28－31.

［17］安中立，贺稚非，李洪军，等. 辣椒油加工生产的研究现状. 辣椒杂志，2006（03）：45－48.

［18］邱建生，张彦雄，刘铁柱. 中国辣椒深加工产业的现状及发展趋向. 中国食品添加剂，1999（03）：39－48.

［19］刘珣. 辣椒采后生理及贮藏保鲜技术研究. 石河子：石河子大学，2008.

［20］何文光，徐俐. 辣椒开发与利用. 贵阳：贵州民族出版社，2000.

［21］张天真. 作物育种学总论. 北京：中国农业出版社，2003.